P. Hertel, G. Klügel-Hertel
Ungelöste Rätsel alter Erdkarten

Geographische Bausteine

Begründet von Nationalpreisträger Prof. Dr. H. Haack

Neue Reihe, Heft 22

Peter Hertel, Gisela Klügel-Hertel

Ungelöste Rätsel alter Erdkarten

VEB Hermann Haack
Geographisch-Kartographische Anstalt Gotha
1986

Lektoren: MATTHIAS HOFFMANN, KLAUS-PETER HERR

Titelfoto: Fragment der Erdkarte des PIRI REIS aus dem Jahre 1528

Der Verlag dankt
der Deutschen Staatsbibliothek Berlin,
der Sächsischen Landesbibliothek Dresden
und der Universitätsbibliothek Bonn
für die Bereitstellung von Reproduktionsvorlagen.

ISBN 3-7301-0615-5

LSV 5199
4., durchgesehene Auflage, 1986, 19,5 bis 24,5 Tausend
VLN 1001, 320/200/86, K2/64, 35/86 (7886)
Lichtsatz: Karl-Marx-Werk Pößneck V 15/30
Reproduktion der Farbkarte: Graphische Werke, Zwickau
Offsetdruck und Buchbinderei: Mühlhäuser Druckhaus
Alle Rechte vorbehalten
Printed in the German Democratic Republic

Best.-Nr. 966 483 6/Raetsel alter Erdkarten
00760

Inhaltsverzeichnis

7 Vorwort

9 Von der Zeichnung im Sand zum Globus –
   aus der Geschichte der Erdkarten

20 Die Westküste Südamerikas auf einer Karte aus dem Jahre 1510

24 Die Karte des PIRI REIS von 1513 –
    Rätsel türkischer Kartographie

24 Vom Piraten zum Kartenhersteller

26 Die Anleitung zum Segeln im Mittelmeer

29 In der Serailbibliothek wird zufällig
    ein Kartenfragment entdeckt

34 Die Quellen des PIRI REIS

38 Ein Geschichtsprofessor und seine Studenten lüften
    erste Rätsel alter Karten

52 Kannte PIRI REIS den Wert alter Quellen?

55 Geheimnisse alter Erdkarten stammen von
    unserer Zivilisation

60 Der sechste Kontinent, 250 Jahre vor seiner
    Entdeckung gezeichnet – die Karte des ORONTEUS FINAEUS
    aus dem Jahre 1531

68 Die Darstellung Antarktikas auf der Erdkarte von
    GERHARD MERCATOR aus dem Jahr 1569

74 Kannte PHILIPPE BUACHE 1754 Antarktika ohne Eis?

78 Frühe Entdeckungen als Quellen heute „rätselhaften" Wissens

78 Hilfsmittel zur Orientierung auf See

83 Geographische Entdeckungen sind so alt wie die Menschheit

89 Antworten und neue Fragen

96 Weiterführende Literatur

99 Abbildungen

Vorwort

Die Geschichte der Produkte menschlichen Geistes ist älter und umfassender, als wir es bis heute ermessen können.

Es ist das Anliegen der Autoren, mit diesem Baustein die Aufmerksamkeit der Leser auf einen winzigen Bereich des großen Spektrums überlieferten Wissens- und Kulturgutes zu lenken. Vielleicht kann dieses Beispiel Anregung zu weiteren Überlegungen sein, die auf möglicherweise ganz anderen Gebieten zu ähnlichen Ergebnissen führen werden.

Ausgangspunkt für unsere Untersuchungen sind unter anderem die Arbeiten des amerikanischen Geschichtsprofessors CHARLES H. HAPGOOD und seiner Studenten. Bei der bis ins Detail gehenden Analyse der PIRI-REIS-Karte aus dem Jahre 1513 erlebten sie spannende Forscherjahre. Jeder Schritt bei der Entschlüsselung des kartographischen Netzes brachte neue Erkenntnisse, aber auch neue Überraschungen. Die Ergebnisse waren so verblüffend, daß nur eine „voreiszeitliche Zivilisation" des Rätsels Lösung zu sein schien. Später wurden andere Karten dem gleichen Verfahren unterzogen, und auch hier gab es erstaunliche Resultate.

So ist es nicht verwunderlich, daß diese Forschungsergebnisse sehr bald auch an Autoren gerieten, die alles suchten, nur nicht die Wahrheit. Es sei nur an die Behauptung erinnert, daß es sich bei der Ursprungskarte, die PIRI REIS kopierte, um eine fotografische Aufnahme aus einem hoch über Kairo fliegenden Raumschiff außerirdischer intelligenter Wesen handele.

Die Autoren stellen sich die Aufgabe, die scheinbar viele Vorstellungen über die frühe Geschichte unserer Zivilisation negierenden Karteninhalte wieder auf den Boden der Tatsachen zurückzuführen, ihnen aber dabei durchaus einen gebührenden Platz in der Geschichte einzuräumen.

Wir danken all denen, die zum Gelingen des Buches beigetragen haben. Insbesondere Herrn Prof. CHARLES H. HAPGOOD (†) und Herrn

Prof. Dr. RUDI OGRISSEK, Technische Universität Dresden, sind wir für verschiedene Hinweise bei der Abfassung des Manuskriptes zu Dank verpflichtet. Ebenso, wie den beiden Übersetzern, Herrn Dr. FLEISCHER (†) und Herrn ZEUNER, den Mitarbeitern der Sächsischen Landesbibliothek Dresden und schließlich dem Verlag sowie unserem Lektor, Herrn M. HOFFMANN.

Für konstruktiv kritische und ergänzende Hinweise sind wir jederzeit dankbar.

Tharandt, im Mai 1981   Die Autoren.

Von der Zeichnung im Sand zum Globus – aus der Geschichte der Erdkarten

Alte Erdkarten sind besondere Zeugnisse kultureller Vergangenheit. In ihnen ist, im günstigsten Fall, das geographische Wissen ihres Kartographen zur Entstehungszeit der Karte enthalten. Daneben besitzen viele Atlanten und Einzelkarten einen künstlerischen Wert, zumal sie oft nur in wenigen Exemplaren angefertigt wurden. Außerdem stammen die alten Erdkarten von Kartographen mit unterschiedlichem Kenntnisstand und sind nur fragmentarisch erhalten. Hinzu kommen Einflüsse der weltlichen und kirchlichen Herrscher auf die Dokumentation des Wissens in Karten. All dies läßt sich heute aus den Karten nicht mehr unmittelbar entnehmen. Kriege und Naturkatastrophen sowie der Wahnwitz einiger Herrscher, darunter sogar eines, der glaubte, eine Vernichtung aller vor seiner Amtszeit geschaffenen Werke könne seine eigene Bedeutung für die Geschichte erhöhen, sind vor allem Schuld, daß wir von manchen Karten nur noch den Namen kennen. Da viele Kartenhersteller einfach darauf angewiesen waren, die Karten ihrer Vorgänger als Wissensquelle zu verwenden, enthält manche jüngere Karte Angaben aus älteren, heute sogar teilweise nicht mehr vorhandenen Darstellungen. So kann man durch die Analyse der Kopien möglicherweise einige Rückschlüsse auf das Aussehen und das geographisch-kartographische Wissen ziehen, das in den Ursprungskarten enthalten war.

Auf diesem Wege bringt die Arbeit in Archiven und Bibliotheken eine Reihe von Entdeckerfreuden mit sich und führt von vagen Vermutungen zu konkreteren Vorstellungen über das Wissen der alten Kartographen. Schon die erste, oberflächliche Betrachtung der Umrisse der Kontinente auf solch alten Karten läßt für den Laien einen erstaunlichen Schluß zu: Der geographisch-kartographische Kenntnisstand, der in einer Karte zur Darstellung kommt, stimmt nicht immer mit den gerade stattgefundenen Entdeckungen überein. Das liegt beispielsweise auch daran, daß geeignete Institutionen, die Forschungsberichte überprüfen konnten, fehlten. Ganz sicher wurden manche

Schwindler ernst genommen und ernstzunehmende Personen als Schwindler abgetan. Einige Karten sind exakter, andere zeigen sogar Gebiete, die zur Entstehungszeit durch die Europäer noch nicht entdeckt waren. Bestimmt spielen hier auch Informationsprobleme eine Rolle. Das alles sind die Ausgangspunkte für die sogenannten Rätsel alter Erdkarten. Wie konnten beispielsweise Kartographen schon im 16. Jahrhundert den antarktischen Kontinent in einem Umriß abbilden, der modernen Karten ähnelt? Woher nahm ein anderer den Mut oder das Wissen zur Zeichnung der Westküste Südamerikas lange vor ihrer europäischen Entdeckung?

Eventuell sind die Reisen in nebelhaften Fernen der Geschichte, die wir heute als „Anfänge" der geographischen Entdeckungen charakterisieren, schon viel zielgerichteter erfolgt, als wir es vermuten. Eine besondere Bedeutung kommt hier vor allem dem Irrglauben der Europäer, daß sie Weltentdecker seien, zu. Wie oft wird von der „Entdeckung" gesprochen, und immer ist damit die europäische gemeint. Wenn schon über die Anfänge der Seefahrt in Europa nicht viel bekannt ist, so gehen die Informationen über die erste Erschließung der Meere durch die Völker anderer Erdteile gegen Null. Nur die kühnen Experimente des Norwegers THOR HEYERDAHL lassen uns die Möglichkeiten erahnen, die „primitive" Völker mit „primitiven" Schiffen hatten, und dies zu einer Zeit, die den Wikingern, Phöniziern und Griechen schon als ferne Vergangenheit vorgekommen wäre. Mit jeder dieser Reisen waren geographische Entdeckungen verbunden. Von den Anfängen sind noch Sagen und Mythen erhalten, später wurden sie durch sachlichere Logbucheintragungen, Beschreibungen und letztlich Karten präzisiert. Die europäischen Seefahrer, die glaubten, als „Entdecker" zu „Wilden" zu kommen, mußten immer wieder erstaunt zur Kenntnis nehmen, daß diese Länder bereits mehr oder weniger durch die eigene Bevölkerung geographisch erschlossen waren. Im Gepäck der nach Hause zurückkehrenden Reisenden befand sich oft eine Reihe von geographischen Informationen aus Gebieten, die sie nie gesehen hatten. Die heimatlichen Kartographen verwendeten das Material und zeichneten Buchten, Flüsse und Berge in ihre Karten ein. Dies ist nur eine Möglichkeit zur Klärung der ungelösten Rätsel auf den alten Erdkarten.

Von der ersten als Erdkarte zu bezeichnenden Tontafel Mesopotamiens bis zu den mittelalterlichen Seekarten, den Portolane (porto to porto = von Hafen zu Hafen), welche uns im Zusammenhang mit den Rätseln besonders interessieren, wurde ein weiter Weg zurückgelegt.

Landkarten besitzen im Leben einer modernen Gesellschaft eine sehr große Bedeutung. Viele Wissenschaftsdisziplinen (z. B. Geographie, Geologie, Botanik sowie Zweige der Gesellschaftswissenschaften) sind täglich auf exakte Karten bestimmter Gebiete oder der ganzen Erdoberfläche angewiesen.

Unter einer Karte verstehen wir ein in einem bestimmten Maßstab verkleinertes, verallgemeinertes, mathematisch bestimmtes Abbild der Erdoberfläche oder eines anderen Himmelskörpers in der Ebene, das als Modell ausgewählte natürliche und gesellschaftliche Erscheinungen zeigt. Ziel der Kartographen ist es heute, nicht nur schlechthin ein möglichst originalgetreues Abbild von der Erdoberfläche zu schaffen, sondern vielen Belangen und Bedürfnissen gerecht zu werden. Staatliche, wirtschaftliche, insbesondere politisch-administrative Aufgaben können zumeist nur unter genauer Kenntnis der betreffenden Gebiete gelöst werden. Die Rolle der Karte für den Schutz des Territoriums und der Souveränität eines Staates, aber auch für den Aufbau der Industriezentren, der Energiewirtschaft und des Verkehrswesens, liegt auf der Hand. Eine planmäßige Entwicklung der Land- und Forstwirtschaft ist ohne Kenntnis der vorhandenen Flächen undenkbar. Optimale Verkehrsverbindungen für die erdgebundenen Fahrzeuge, aber vor allem die Orientierung im Schiffs- und Flugverkehr, lassen sich nur mit Hilfe exakter kartographischer Angaben erreichen. Im kulturellen Bereich tritt besonders die Volksbildung als Kartennutzer auf. Der Erdkundeunterricht in unseren Polytechnischen Oberschulen kann nur unter Verwendung zahlreicher Kartenmaterialien ein anschauliches Bild von der Beschaffenheit unseres Planeten vermitteln. Schul- und Weltatlanten, Verkehrs- und Touristenkarten sowie Karten kulturhistorischen Inhalts sind weit verbreitet. Schließlich bilden Karten im gesellschaftspolitischen Bereich, bei der Vermittlung umfassender Kenntnisse unseres Weltbildes und unserer Ideologie einen nicht zu unterschätzenden Faktor in der Erziehung unserer Bürger zu allseitig gebildeten Menschen.

Alte Karten sind eine beachtliche Quelle für die Erforschung der Geschichte der menschlichen Zivilisation. Dies zeigt insbesondere GALLEZ (1980) in einer neueren und sehr progressiven Arbeit. In abgewandelter Quantität und Qualität waren die genannten Zwecke schon in der Frühzeit der Kartenherstellung von Bedeutung und Grund genug für die ständige Vervollkommnung geographischer Informationen.

Die Autoren gehen in ihren Betrachtungen davon aus, daß die entstandenen Karten in der Regel das Resultat eines ständigen Strebens nach Wissensspeicherung waren und in sie die Auswertung zahlreicher Berichte der Seeleute, Soldaten, Händler und Pilger einflossen. So sollte nur in Ausnahmefällen die Phantasie des Kartenherstellers als Argument für unerklärliche Angaben dienen. Eine viel größere Rolle spielt diese schon eher bei den Kartenlesern.

Bei der Interpretation rätselhaften geographischen Wissens auf alten Karten trat ein auch auf anderen Gebieten zu bemerkender Vorgang auf. Rätselhafte Angaben wurden entweder in blindgläubiger Auslegung den geheimnisvollen Bewohnern anderer Planeten zugeschrieben oder aber im anderen Extrem diskret übergangen. Den richtigen Weg begeht man, wenn mit wissenschaftlichen Methoden nach den Ursachen der Rätsel geforscht wird; das setzt allerdings eine etwas aufwendigere Untersuchung voraus. Ohne sich der Mühe einer Detailanalyse zu unterziehen, wird es in der Regel keine wissenschaftlichen Erfolge geben. Die Geschichte der Erforschung der alten Seekarten unterstreicht dies einmal mehr.

Schließlich muß man sich auch die Frage stellen, ob ein kartographisches Werk repräsentativ für seine Entstehungszeit ist oder nur, aus der heutigen Sicht betrachtet, das Schattendasein minderwertiger, in der Entwicklung stehengebliebener Qualitäten führt. So werden in unserer modernen Zivilisation hier und da noch Menschengruppen entdeckt, die in der „Steinzeit" leben. Sie sind natürlich für die Erde des 20. Jahrhunderts nicht mehr repräsentativ! Trotzdem bieten uns die zwar in der Minderheit vorhandenen und auf relativ niedrigem Entwicklungsniveau stehenden Naturvölker ein gegenwärtiges Beispiel zum Studium der möglichen Anfänge der Kartographie. Der in der Natur lebende Mensch verläßt sich viel mehr als wir auf seine Sinne. Er orientiert sich im Gelände durch seine erstaunlichen Fähigkeiten beim Erfassen von Merkzeichen. Hinzu kommt die von Generation zu Generation weitergegebene Ausbildung auf diesem Gebiet. Interessant ist auch, daß die kartographischen Fähigkeiten der Naturvölker in engem Zusammenhang mit dem von ihnen erschlossenen und genutzten Territorium wachsen. Anfänglich wird nur das dargestellt, was durch eigene Anschauung bekannt ist. Bald kommen jedoch auch Informationen aus ferneren Gebieten hinzu, wobei versucht wird, diese in dem vorhandenen Abbild von der Welt unterzubringen. Die geographischen Aufzeichnungen der Naturvölker sind immer Kartenskizzen mit bildhaften Zeichen, die nach den Merkmalen der Wirklichkeit (Berge, Flüsse, Bäume, Siedlungen) orientieren.

Der erste „Zeichnungsträger" war möglicherweise Sand. Darin lassen sich Landschaften unter Verwendung von Steinen, Kieshaufen, Stöcken und Zweigen zwar vergänglich, aber sehr plastisch darstellen.

Während die ersten primitiven Informationen kaum einen Tag überdauerten, gab es einen Fortschritt durch die Verwendung von haltbaren Materialien. So konstruierten die Marshallindianer (Mikronesien) Stabkarten aus Palmblattrippen und Schneckengehäusen, die Inseln darstellten. Kleine Stäbchen deuteten auf die Dünung hin, wobei durch in der Dünung liegende Inseln Kabbelungspunkte (bot) entstehen und somit die Lage der Inseln verraten. Die Eskimos Grönlands verwendeten Holz und markierten durch Kerben bestimmte geographische Orte. Ein Vorteil gegenüber der Sandzeichnung bestand auch in der Transportierbarkeit. Häute und Birkenrinde wurden von kolumbianischen Indianern und der Urbevölkerung Sibiriens benutzt. Eine babylonische Erdkarte aus dem 6. oder 5. Jahrhundert vor unserer

Zeitrechnung war in Ton geritzt, ebenso wie die zahlreichen Keilschrifttexte. Sie gilt heute als eine der ersten Erdkarten überhaupt.

Eine Kartenskizze mit Bleistift auf Papier unter dem Einfluß der Entdecker wird als höchste Stufe der Kartographie der Naturvölker und gleichzeitig als letzte Etappe, beeinflußt natürlich durch die europäischen Reisenden, angesehen. Große Haltbarkeit glaubte man durch die Verwendung von Metallen als Zeichnungsträger zu erzielen. Während bei der Karte des ANAXIMANDER VON MILET (610−546 v.u.Z.) von einer Erztafel gesprochen wird, weiß man, daß die Karte des ARISTAGORAS VON MILET (um 500 v.u.Z.), einen Teil Irans und Armeniens darstellend, auf Eisen graviert wurde. Gleiches finden wir auch bei einer BORGIA-Karte Anfang des 15. Jahrhunderts. Den Höhepunkt erreichte die Verwendung von Metall sicher mit dem Bronzeglobus des JOHANN PRAETORIUS (1557−1616).

Während Papier und Bleistift noch heute wichtige Hilfsmittel für Kartenskizzen sind, verwendete man Ausgangs des Mittelalters Holz als Druckstock für die Holzschnitte. In China war diese Vervielfältigungsart bereits um 600 bekannt. Es ist ein sog. Hochdruckverfahren, bei welchem aus einer Langholzplatte die Teile der vorher aufgetragenen Zeichnung mit einem Messer herausgehoben werden, die nicht auf dem Abzug erscheinen sollen. Der Holzstich wurde etwa seit dem 18. Jahrhundert als eine Weiterentwicklung des Holzschnittes ausgeführt. Die Technologie des Kupferstiches kennt man als Mittel der Vervielfältigung seit dem 15. Jahrhundert in Europa. Bei diesem Verfahren gelangt die Druckerfarbe in die vorher ausgehobenen Vertiefungen und von da beim Druckvorgang auf das Papier. Dem 1796 entwickelten Steindruck (Lithographie) folgte ab 1820, mit dem Vorhandensein besserer Gravierwerkzeuge, der Stahlstich, der eine Verfeinerung der Zeichnung ermöglichte. Alle diese Verfahren besaßen Bedeutung für die Herstellung von Karten. Pergament, also transparent aufgetrocknete Häute der verschiedenen Tiere, war Zeichnungsträger der frühen Seekarten. Dünn und sauber hergestellt ist Pergament rollbar und gegenüber Wasser relativ unempfindlich.

Das auf Karten dargestellte geographische Wissen stammte anfangs von Wanderungen und Streifzügen in die nähere Umgebung. Jahrtausende später waren es groß angelegte Entdeckungsreisen, aber auch Feldzüge, bei denen oft Naturwissenschaftler dem Troß folgten. Es sei hier nur an Napoleons Ägyptenfeldzug erinnert (1798−1802), an dem zahlreiche Gelehrte und Künstler teilnahmen und der auch nur hinsichtlich seiner wissenschaftlichen Ausbeute als erfolgreich zu bezeichnen ist.

Schon sehr früh wurden Routenaufnahmen angefertigt und Wegbeschreibungen notiert. So fertigten z.B. die Römer um das Jahr 500 Straßenkarten an, von denen eine Rolle in die Hände KONRAD PEUTINGERS (1465−1547) gelangte und 1536 kopiert wurde. Sie ist heute als „Tabula Peutingeriana" bekannt. Mit zunehmender Spezialisierung in den verschiedenen Wissensgebieten entstand aus dem beobachtenden Kartenzeichner, dem Geodäten und dem Geographen der Kartograph. Letzterem war es möglich, sich intensiv mit der Technik der Geländedarstellung und ihrer Methoden auf einem Zeichnungsträger zu befassen. Probleme mit der Darstellung auf der ebenen Fläche gab es erst, als man größere Teile der Erdoberfläche auf der zweidimensionalen Papierebene unterbringen wollte. Für großmaßstäbliche Karten kleinerer Gebiete war die Erdkrümmung zunächst ohne Bedeutung.

Die Informationsquellen der antiken Geographen lassen sich im allgemeinen nur sehr schwer auffinden. Von Claudius Ptolemäus, einem der berühmtesten griechischen Geographen, Astronomen und Mathematiker ist bekannt, daß er von der Existenz Sansibars (Apania) durch griechische Seeleute erfuhr. Ptolemäus sammelte sorgfältig die Berichte über die Wanderungen der Bernstein- und Seidenhändler sowie der Entdeckungsreisenden. Seine kartographisch-geographischen Erfolge sind in einer sachlichen und exakten Bearbeitung dieser Berichte begründet. Die uns heute bekannten Irrtümer auf seinen und den Karten der Zeitgenossen sind größtenteils auf die Beschaffenheit ihrer Quellen zurückzuführen. Eine Anzahl von Reiseberichten wurde aus wirtschaftlichen und militärischen Gründen nicht veröffentlicht, und Beobachtungsfehler waren hauptsächlich auf geographisch ungeschulte Reisende zurückzuführen.

Größere Fortschritte wurden erst erzielt, als eine Sammlung des geographischen Wissens in Bibliotheken entstand. Dort gab es zentrale Anlaufpunkte, und sehr bald fanden sich Spezialisten, die alle neu eingehenden Werke kritisch untersuchten und so einen viel besseren Überblick bekamen, als ihn allein arbeitende Kartographen erwerben konnten.

Neben einzelnen Karten entstanden schon einige Jahrhunderte vor Beginn unserer Zeitrechnung erste größere geographische Werke, in denen das Wissen zusammengefaßt war und die wiederum Ausgangspunkt für neue geographische Arbeiten wurden.

Die Entwicklung der kartographischen Technik blieb jedoch lange Zeit hinter den allgemeinen Kulturfortschritten zurück. Das ist vor allem auf die nicht der Realität entsprechenden Vorstellungen vom Aussehen der Erde und das Fehlen bestimmter mathematisch-geometrischer Verfahren, ebenso wie auf den geringen Wissenszuwachs in den Karten des Mittelalters zurückzuführen, der mit der langen Zeit der Nutzung der Ptolemäus-Karten bewiesen werden kann.

Während in den Homerischen Werken „Ilias" und „Odyssee" (Steuerwald 1981) des 8. Jahrhunderts vor unserer Zeitrechnung reale geographische Angaben sehr stark mit Phantasieprodukten verbunden waren, gab Hekatäus (um 550–480 v. u. Z.) eine wirklichkeitsnähere

Erdbeschreibung, „Periodos-Ges", die noch in kleinen Fragmenten erhalten geblieben ist. In der „Neuen Geographie" von HERODOT (486–425 v.u.Z.) wird darauf hingewiesen, daß die Geschichte geographisch und die Geographie historisch zu betrachten sei. Ein ausführliches Werk über den Umfang und die Lage der damals bekannten Länder der Erde, ein vollständiges System der Erdbeschreibung, das allen späteren Werken zum Vorbild wurde, verdanken wir ERATOSTHENES VON KYRENE (273–192 v.u.Z.). Ihm standen als Bibliotheksleiter die großen Schätze der Alexandrinischen Bibliothek, einem Zentrum der Wissenschaften in der Antike, zur Verfügung. In 13 Bänden der Geschichte der Geographie, unterteilt in physische, mathematische und politische, wurden den Darstellungen viele astronomische Beobachtungen zugrunde gelegt. Auch von diesem Werk sind nur Bruchstücke erhalten geblieben. Die Karte des ERATOSTHENES von der bewohnten Erde (mit Parallelkreisen und Meridianen) gilt als die beste Arbeit der damaligen Zeit. ERATOSTHENES VON KYRENE vertrat schon die Ansicht, daß man per Schiff nach Indien westwärts fahren könne.

Von der „Geschichte in 40 Bänden" des POLYBIUS (201–120 v.u.Z.) ist einer der Geographie gewidmet. STRABONS (64 v. Z.–20 u. Z.) „Geographica" in 17 Bänden ist bis auf den 7. Band erhalten. Auch PLINIUS DER ÄLTERE (23–79 u. Z.) befaßte sich in seiner „Historia naturalis" mit geographischen Problemen. Er kam bei Rettungsarbeiten während des Vesuvausbruches, welcher auch Pompeji vernichtete, ums Leben.

Von STEPHANUS VON BYZANZ (um 500) stammt das erste allgemeine geographische Lexikon, und aus dem 9. Jahrhundert kennen wir das geographische Kompendium von GUIDO VON RAVENNA.

Die hier genannten Werke stellen nur einen Teil der insgesamt bekannten dar. Es sollte deutlich gemacht werden, daß den Kartographen des Mittelalters tatsächlich schon eine Reihe von Nachschlagewerken zur Verfügung standen, die sie sicherlich auch nutzten. Wege, auf denen sich Wissen von der Antike bis zur Renaissance erhalten konnte, sind dadurch zahlreich vorhanden.

Neben der Erweiterung des geographischen Wissens spielte für die Kartographen die Kenntnis der physikalischen Parameter des Erdballs eine immer wichtigere Rolle.

Schon ARISTOTELES (384–322 v.u.Z.) war von der Kugelgestalt der Erde überzeugt und begründete dies u.a. mit der runden Begrenzungslinie des Erdschattens bei einer Mondfinsternis. Dem schon genannten ERATOSTHENES ist der Beginn der auf Erdvermessung beruhenden Geographie zu danken. Er untersuchte und vermaß die Sonnenstandshöhe in Alexandria und Syene (heute Assuan) zu einem vergleichbaren Zeitpunkt. Das ermittelte Bogenmaß von $7\frac{1}{5}°$ entspricht $\frac{1}{50}$ des Kreisumfanges. ERATOSTHENES setzte nun die bekannte Entfernung zwischen Syene und Alexandria mit 5000 Stadien gleich $\frac{1}{50}$ des Erd umfanges und ermittelte den Wert von 250000 Stadien, das sind 37125 km. Der heute ermittelte Wert des Äquatorumfanges beträgt 40075,161 km, und die Abweichung beträgt somit ca. 7,5%. Diese Messung war, beurteilt nach den zur Verfügung stehenden technischen Hilfsmitteln, eine beachtliche Leistung. Im ersten Jahrhundert vor unserer Zeitrechnung hat POSIDONIUS aus Apamea in Syrien (135–60 v. u. Z.) den Erdumfang neu berechnet und erhielt einen beträchtlich kleineren Wert. Dieser wurde dann von PTOLEMÄUS übernommen und ist bis zum Ende des Mittelalters als gültig angesehen worden.

HIPPARCH (180–125 v. u. Z.) erweiterte die mathematische Geographie des ERATOSTHENES und entwarf eine Sternenkarte, in welcher die Himmelskörper in ein Netz aus Längen und Breiten eingetragen wurden. Durch dieses Maß für den Himmel war zugleich das Maß zur Konstruktion der Erdoberfläche auf Karten gefunden. MARINUS VON TYRUS entwickelte um 100 u. Z. die Theorie der Projektion weiter und konstruierte die erste rechteckige Plattkarte. Jede Karte, so seine Feststellung, muß mit einem streng mathematischen Netz von Längen- und Breitengraden überzogen werden. Leider sind seine Darlegungen nicht erhalten geblieben, und wir kennen sie nur durch die Kritik von PTOLEMÄUS. Sein astronomisches System wiederum besagte, daß die Erde eine Kugel mit einem Umfang von 180000 Stadien ist. Die Längsausdehnung des seiner Auffassung nach bewohnten Teiles der Erde gab er mit 72000 Stadien und deren Breite mit 40000 Stadien an. PTOLEMÄUS hielt die Erde für den Mittelpunkt des Alls, feststehend und umkreist von den Weltkörpern. Er wird heute als der erste wissenschaftliche Kartograph bezeichnet. Seine Netzentwürfe sind eine einfache Kegelprojektion mit dem Berührungsparallel auf der geographischen Breite von Rhodos und eine flächentreue Kegelprojektion mit fünf längentreuen Breitenkreisen. Diese Netzentwürfe beherrschten die Kartographie über 1000 Jahre. „Die scheinbare Genauigkeit, mit der hier geographische Eintragungen nach Länge und Breite bestimmt sind, hat sich durchweg als trügerisch erwiesen. Die Positionsbestimmungen des Ptolemäus waren nicht nur öfter aus Reiseberichten statt aus unmittelbaren Beobachtungen abgeleitet, auch die Berechnungen selbst waren innerhalb eines beträchtlichen Spielraumes falsch" (CARY und WARMINGTON 1966, S. 363).

Mit der Einführung des Kompasses in Europa zu Beginn des 15. Jahrhunderts entstanden sogenannte Richtungs- oder Kompaßkarten. Die dargestellten Küstenlinien wiesen überraschende Treue der gegenseitigen Entfernung und Richtung auf. Ihr Mangel bestand in der fehlerhaften Gesamtorientierung, die auf unzureichende astronomische Ortsbestimmung zurückzuführen war.

In der Mitte des 16. Jahrhunderts entstanden die ersten Spezialkarten, die auf wirklichen Messungen beruhten. Ein erster Hinweis auf die Bedeutung der geographischen Längen für die Schiffahrt stammt aus dem Jahre 1520. Schon im Jahre 1504 wurde auf der Karte des PEDRO REINEL die magnetische Abweichung in Form von entsprechend geneigten Maßstabsleisten eingezeichnet. Bis zum Jahre 1730 konnte man, so unser bisheriges Wissen, die geographische Länge durch das Fehlen geeigneter Chronometer nur äußerst ungenau bestimmen. Mit diesem Problem werden wir uns später noch befassen, denn die Angaben auf einigen alten Erdkarten widersprechen dieser Feststellung.

Im frühen Mittelalter war die Kartographie eine Kunst und keine Wissenschaft, dies rettete sie zwar vor den Verfolgungen der Kirche, trug andererseits aber keinesfalls zum Fortschritt bei. Die die Karten dieser Zeit schmückenden Bildelemente waren nicht nur, wie es den Anschein hat, zur Verschönerung der Darstellung gedacht, sondern hatten geographische Bedeutung. Fahnen und Wappen wiesen beispielsweise auf Hoheitsgebiete hin, und ein stilisiertes Stadtbild konnte durchaus Aussagen über die Größe der Ansiedlung vermitteln.

Erst im späten Mittelalter hörte die Karte auf, Anlage zu einer Abhandlung, beispielsweise eines Segelhandbuches, zu sein und wurde zum selbständigen Werk. Im 16. Jahrhundert druckte man die ersten mehrfarbigen Karten, doch parallel dazu wurden Flächen und Grenzen noch bis ins 19. Jahrhundert handkoloriert.

Auf die besondere Bedeutung der Karten für die Seefahrt wurde schon hingewiesen. Für die Untersuchung der Rätsel alter Erdkarten sind diese kleinmaßstäblichen Karten und ihre Geschichte von Interesse.

Am Beginn ihrer Entwicklung standen geographische Beschreibungen. So fertigte SKYLAX VON KARYANDA (5.–4. Jahrhundert v. u. Z.) einen Periplus (= Küstenpilot) an, welcher die Beschreibung der Küsten des Mittelmeeres und der anliegenden Meere enthält. Aller Wahrscheinlichkeit nach waren dem Text keine Karten beigegeben und die Entfernungen und Kurse mit Worten beschrieben. Dabei wurden auch Orte im Innern des Festlandes erwähnt. Eine Segelanweisung ist uns von ENTHYMENES (um 530 v. u. Z.) bekannt.

Die Informationsdichte und die Zugriffzeit solcher Texte sind natürlich im Ernstfall sehr ungünstig. Man stelle sich ein Schiff bei aufkommendem Sturm in der Nähe eines Riffs vor, und der Navigator beginnt mit der Suche nach der Textstelle für die Beschreibung des geographischen Ortes, die zumeist noch in Form eines Gedichtes ausgedrückt war.

Das türkische Segelhandbuch „Bahrije", 1521 von PIRI REIS veröffentlicht (siehe S. 26), stellte durch die Anfügung von Karten schon eine wesentliche Verbesserung dar. Zahlreiche mittelalterliche Seekarten enthielten zur Erläuterung der kartographischen Darstellung Texte, und schließlich verschwanden diese in unseren modernen Karten bis auf eine Zeichenerklärung.

Als älteste bekannte Portolankarte wird die „Pisa-Karte" aus Genua, entstanden um 1300, genannt. Die mittelalterlichen Portolane (von 1300–1500) lassen sich in italienische (Genua, Venedig, Ancona) mit der Darstellung Westeuropas und dem Mittelmeer und in katalanische (Insel Mallorca) Karten mit einem gezeichneten Gebiet, das bis Skandinavien und China reicht, unterscheiden.

Die portugiesische Kartographie erlebte ihre Blütezeit um 1520, vor allem durch die Arbeiten von HOMEN, RIBEIRO, VIEGAS und CASTRO. „Charakteristisch ist die Überfülle von Namen, die sich oft sogar auf solche Orte beziehen, die eigentlich noch gar nicht entdeckt waren ...", schreibt BAGROW (1951, S. 90). Die Portugiesen waren auch die ersten, denen die Mängel der sogenannten ebenen Projektionen auffielen.

Im Jahre 1503 wurde in Sevilla (Spanien) eine Handelsbehörde „Casa de Contratacion" gegründet, der 1518 ein hydrographisches Büro zur Herstellung und Überprüfung von Karten angeschlossen wurde. SEBASTIAN CABOT war viele Jahre Leiter der „Casa" und erhielt 1518 den Rang „Piloto Mayor" (Chef der Piloten). Er prüfte die Lotsen für Indien und überwachte gleichzeitig die zum Verkauf gelangenden Karten und Navigationsinstrumente.

Die erste gedruckte Seekarte war das „Isolario" (Inselbuch) des BARTOLOMEO DI SONETH aus dem Jahre 1485. Die DULCERT-Portolankarte von 1339 wird heute als Urtyp für alle anderen Seekarten dieser Art angesehen. Sie ist Arbeitsergebnis eines Mannes, der die Kartographie zu seinem Beruf gemacht hatte. Mit dieser Spezialisierung war ein wichtiger Schritt zur weiteren Entwicklung der kartographischen Wissenschaft getan.

Der Leser wird bemerkt haben, daß in dem beschriebenen Teil der Geschichte der Kartographie kaum Hinweise auf eine andere große kartographische Tradition aus dem Altertum neben der ptolemäischen zu finden sind. Daß unser Wissen darüber recht fragmentarisch ist, liegt zu einem Teil auch daran, daß kaum ein Historiker diese Möglichkeit bisher in Betracht gezogen hat. So hat die alte Weisheit: „Man findet nur das, was man sucht" auch hier ihre Gültigkeit. Sicher haben viele Wissenschaftler auf den alten Karten gewisse Merkwürdigkeiten festgestellt, sich aber mit der Großzügigkeit der alten Kartographen oder mit der Annahme zufällig stimmender Voraussagen zufrieden gegeben.

So erscheint der direkte Weg von den Karten zum Studium der allgemeinen Entwicklung der Kartographie erfolgversprechender. Zahlreiche alte Erdkarten haben die Zeiten überdauert, und so wollen wir am konkreten Beispiel Antwort auf ihre Rätsel suchen.

„Geheimnisse" oder „Rätsel" finden sich auf den frühen Erdkarten relativ schnell, und auch ein in der Geschichte der Kartographie unerfahrener Leser kann sie für sich entdecken. Bei späterer, genauerer

Nachforschung werden sich natürlich manche als längst gelöst herausstellen.

Man braucht, um einen Anfang zu finden, eigentlich nur einmal Kopien solcher Karten zu sammeln und sie ihrem Entstehungsjahr nach zu ordnen. Selbst ohne die Geschichte der geographischen Entdeckungen zu berücksichtigen, offenbaren sich dem Betrachter dabei erstaunliche Dinge. Die Exaktheit der Darstellung, ihre Annäherung an unsere heutigen Erdkarten, ja allein die Form der Kontinente und Meere sind in der genannten Reihenfolge auf alten Erdkarten so voneinander abweichend, daß man von einer kontinuierlichen Zunahme des geographisch-kartographischen Wissens kaum sprechen kann.

Während die vor Beginn unserer Zeitrechnung hergestellten Karten sehr oft stark geometrisch begrenzte Erdteile aufweisen und nur das unmittelbare Umland des Kartenherstellers zeigen, werden daneben Weltbilder, d. h. primitive Vorstellungen über den Aufbau der Erde und des Universums, auf den Zeichnungsträger gebracht. Als Beispiel sei die arabische Karte, etwa aus dem Jahr 500 v. u. Z. mit dem Weltbild des HEKATÄUS genannt. Im ersten Jahrtausend unserer Zeitrechnung wird die Darstellung der Umgebung des Zeichners exakter, dabei finden sich zahlreiche schmückende Elemente. So werden die Hauptwindrichtungen durch Männer, die auf Blasebälgen sitzen, verdeutlicht (9. BEATUS-Karte aus dem Jahre 1100), und die religiösen Einflüsse kommen durch die Darstellung des Paradieses als geographischer Ort zum Ausdruck.

Die „Zeit der Rätsel" beginnt mit der Karte eines Schweizer Kartographen aus dem 16. Jahrhundert. Sie sieht erstaunlich modern aus. Die großen Kontinente sind in ihrer nahezu richtigen Lage gezeichnet. Jeder wird von nun an eine weitere Verbesserung des Bildes von unserer Erde auf den nachfolgenden Karten erwarten. Dem ist jedoch nicht so; sicher spielen dabei begrenzte Kommunikationsmöglichkeiten eine Rolle. Obwohl die Menschheit gerade auf diesem Gebiet durch Radio und Fernsehen enorme Möglichkeiten zur Verständigung besitzt, wissen wir andererseits auch um die gegenwärtigen Probleme bei der Beschaffung gezielter Informationen. Um wieviel schwieriger war die Situation vor einigen Hundert Jahren. Eine Karte von Südamerika aus dem Jahre 1595 beispielsweise, graviert von LANGEREN, stimmt überhaupt nicht mit dem tatsächlichen Aussehen überein. 85 Jahre früher aber wußte schon ein Kartograph, wie die Küstenlinie von Südamerika verläuft!

So ergibt unser Vergleich bis hinein ins 18. Jahrhundert ein sehr kompliziertes Bild von der Geschichte der Karten. Genaue Angaben wechseln sich mit Ungereimtheiten und Fehlern ab. Die Gründe dafür möchten wir, soweit dies heute möglich ist, darzulegen versuchen.

Die Westküste Südamerikas
auf einer Karte aus dem Jahr 1510

Über die europäischen Entdeckungen des südamerikanischen Kontinents sind wir recht gut informiert. Sie verliefen von der Ostküste über
das Landesinnere nach Westen. Erinnert sei nur an die Auffindung
des Stillen Ozeans nach der Überquerung des Isthmus von Panama im
Jahre 1513 durch BALBAO. FRANCISCO PIZARRO eroberte in den Jahren
1532–1533 das Inkareich in Peru, und 1534 erreichte BELACÁZAR Bo-
gota im heutigen Kolumbien. Während von PIZARRO Informationen
über das nördliche Drittel der südamerikanischen Westküste nach Europa gelangten, drang ALMAGRO bis zum Jahre 1535 in Richtung Val-
paraiso vor. VALDIVIA gelangte 1541–1552 etwa bis zum 43. Grad südlicher Breite. Damit waren also 42 Jahre nach der Anfertigung der Erdkarte des Schweizer Gelehrten diese Gegenden den Europäern wohl
kaum bekannt!

HENRICUS GLAREANUS zeigt auf seiner 1510 hergestellten Erdkarte
nicht nur die Ostküste, sondern auch die Westküste Südamerikas und
dies in überraschender Ähnlichkeit zur Wirklichkeit.

Damit stehen wir unmittelbar vor einem ersten Rätsel einer alten
Erdkarte und wollen uns zunächst mit dem Leben ihres Zeichners befassen.

GLAREANUS, der den Geburtsnamen HEINRICH LORIS trug, war eine
recht eigenwillige Persönlichkeit. Im Juni 1488 in dem glarnerischen
Dorf Mollis geboren, war er bis zu seinem 12. Lebensjahr Viehhüter.
Seine wohlhabenden Eltern gehörten zu den 12 Geschlechtern der
„freien Wappengenossen". Sie förderten seine geistige Entwicklung
und sahen in ihm den zukünftigen Pfarrer der Gemeinde. Bei RUBEL-
LUS in Bern erwarb GLAREANUS Latein- und Musikkenntnisse. Eine in-
nige Freundschaft mit MYCONIUS VON LUZERN ging in die Brüche, als
sich GLAREANUS entschieden gegen die Reformation wandte. Im Jahre
1508 begannen an der Universität in Köln philologische Studien, und
1510 bekam GLAREANUS die Magisterwürde verliehen. Später gab er
Privatunterricht in einem eigens dafür eingerichteten Haus mit ange-

schlossenem Internat. Diese Art des Geldverdienens scheint recht erfolgreich gewesen zu sein, denn GLAREANUS lehrte an seinen Privatschulen in den verschiedensten Städten während der meisten Zeit seines Lebens.

1515 reiste GLAREANUS nach Italien, man hatte ihm in Pavia ein Stipendium in Aussicht gestellt. Das Angebot wurde jedoch zurückgezogen, und GLAREANUS ging nach Basel. Schließlich erhielt er 1517 von FRANZ I. eine Unterstützung, die ihm den Besuch der Pariser Universität ermöglichte. Einige seiner Schüler folgten ihm dorthin, und GLAREANUS mietete sich wiederum ein Haus für die Bildung und Erziehung der jungen Leute. Er gab dieser Einrichtung den Namen Senatus Populusque Romanus und nannte sich Consul. Das Angebot einer Professur für Poesie in Paris mußte GLAREANUS ablehnen, da die Honorare nicht ausreichten. Im Jahre 1522 heiratete er eine Baslerin, die schon 1539 verstarb. Die Ehe blieb kinderlos, und später folgte eine zweite Vermählung, seine Frau brachte fünf Kinder mit in die Ehe.

Der berühmte Schweizer Kartograph SEBASTIAN MÜNSTER (1489 bis 1552) richtete in seinem Werk „Erklärung der neuen Instrumente der Sonnen" 1528 die Bitte an alle Gelehrten, ihn mit Material für eine neue, großmaßstäbliche Karte Deutschlands zu unterstützen. GLAREANUS gehörte zu denen, die ihm halfen. In dieser Zeit verfaßte er zahlreiche geographische und astronomische Studien. In seinem Werk „De geographia liber" von 1528 ist eine Tabelle mit Koordinaten einiger geographischer Orte zu finden.

1529 erhielt GLAREANUS eine Professur für Poesie in Freiburg und las oft bis zu fünf Stunden am Tag aus den Klassikern wie beispielsweise LIVIUS, HOMER, OVID und VERGIL.

Gegen Ende seines Lebens entstand in ihm eine immer größer werdende Bitterkeit gegen die Freunde der Reformation. Dabei wurde es ihm immer schwieriger, die Ordnung und Disziplin unter seinen Zöglingen aufrecht zu erhalten. GLAREANUS geriet mit der Universität in Streit über die Kleidung, über das Verbot, Degen zu tragen und vieles mehr. Sein krankhafter Widerspruchsgeist verteidigte im Alter manches, was er in seiner Jugend ungeprüft verworfen hatte. Er starb am 28.3.1563, seine Bibliothek gelangte über einige Umwege schließlich in den Besitz der Universität in München.

Außer seiner Erdkarte von 1510 erwähnen die Biographen die im Jahre 1527 entstandene „Erste Anleitung zur Herstellung von Globussegmenten". Insgesamt nehmen die geographischen und kartographischen Arbeiten in den Zeilen der Biographen einen sehr beschränkten Raum ein. Sollten wir daraus schlußfolgern, daß ihn die Zeichnung seiner Erdkarte keineswegs länger beschäftigte, daß sie „nebenbei" entstand? Die Beiträge HENRICUS GLAREANUS' für die Musiktheorie und Musikgeschichte werden auf jeden Fall wesentlich breiter dargestellt.

Schauen wir uns seine Erdkarte von 1510 nun genauer an. Von ihr existiert nur ein handgezeichnetes Exemplar, welches die Bonner Universitätsbibliothek aufbewahrt. So ist es nicht verwunderlich, daß Werke über die Geschichte der Kartographie (z. B. BAGROW) sie nur mit einem Wort erwähnen.

Die Längen- und Breitengrade sind ungenau gekennzeichnet. Die Längenangaben reichen von 0–360°, also über den gesamten Erdumfang. Während die südliche Breite bei 50° und die nördliche im nordamerikanischen und ostasiatischen Bereich bei 70° endet, ist der Norden Europas augenscheinlich bis zum Pol dargestellt. Die Breitenkreise der Nordhalbkugel liegen enger beieinander, als die die Südhalbkugel. Daraus resultiert eine Verzerrung des Gesamtbildes. Der Äquator ist quer durch Südamerika als weißes und durch Afrika als schwarzes Band markiert. Erdteile und Ozeane sind teilweise beschriftet, doch auf der vorliegenden Kopie kaum zu entziffern. Vom Vorhandensein der Antarktis oder von deren Vermutung scheint der Zeichner nichts gewußt zu haben. Anzeichen für eine Portolanprojektion (siehe S. 39), wie Kompaßrosen oder gar Kompaßlinien sind nicht zu finden.

Im Zentrum der Karte fällt der übergroße afrikanische Kontinent ins Auge. Er reicht bis 50° nach Süden und berührt damit fast das südliche Kartenende. Die Gebiete um das Mittelmeer, das Schwarze und Kaspische Meer sind in ihrer annähernd richtigen Lage dargestellt. Gleiches gilt für Großbritannien und Irland. Die Ost- und die Nordsee sind als ein breites, zusammenhängendes Meer gezeichnet. In Asien fallen große Gebirgszüge, darunter deutlich lokalisierbar der Ural, auf. Südostasien ist recht verzerrt dargestellt und erreicht nahezu die Größe von Südamerika. Im polynesischen Raum sind zahlreiche kleine und größere Inseln eingetragen.

Im Nordwesten der Glareanuskarte finden wir Grönland, mit einer Inschrift versehen. Nordamerika ist im Gegensatz zu Südostasien viel zu klein, man möchte meinen, verstümmelt dargestellt. Auffällig ist die Lage von Mittelamerika in bezug zur Breite des Mittelmeeres. Die Angaben stimmen recht gut mit der Wirklichkeit überein. Nordamerika endet und Südamerika beginnt mit einer schmalen Landzunge, zwischen denen sich der Pazifik mit dem Atlantik trifft. Südamerika ist in seiner ganzen Ausdehnung gezeichnet. Zahlreiche Buchten und Flußmündungen künden von ausreichend genauen geographischen Angaben, die der Zeichner der Karte zur Verfügung gehabt haben muß.

Von HENRICUS GLAREANUS stammt jedoch nicht nur diese eine Karte. In der Veröffentlichung von ELTER (1896) finden wir eine weitere, „zu München A." bezeichnet, die der aus dem Jahre 1510 („zu Bonn A.") ähnelt, sowie eine Karte des Pazifik („zu München B.") und zwei Karten der Pole („zu Bonn B.").

Die Pazifikkarte deutet auf einen gleichen, oben erläuterten Kenntnisstand hin. Die Insel Zipango (Japan) liegt genau in der Mitte zwischen Asien und Amerika, antarktische Küsten sind nicht eingetragen, und Nordamerika ist unrichtig dargestellt.

Die in azimutaler Projektion angefertigten Polkarten enthalten keine neuen Angaben, gelten jedoch gegenwärtig als die ersten Polkarten überhaupt. Von einem Festland am Südpol ist keine Spur zu entdecken.

Aus der Biographie des Kartenzeichners und den flüchtigen Skizzen, die die genannten Karten sind, kann man auf ein nur geringes Interesse an der Kartographie schließen. Dennoch erlangte die GLAREANUS-Karte „zu Bonn A." große Bedeutung bei der Identifizierung der Erdkarte von WALDSEEMÜLLER (1507), die zufällig am Anfang unseres Jahrhunderts entdeckt wurde. In 12 Holzschnittblättern (je $45,5 \times 62$ cm) stellt sie die Erdoberfläche in gekrümmten Meridianen dar. Doch war weder ein Datum noch der Verfassername vermerkt, der auf ihre Herkunft hinweisen konnte. Die Karte besitzt jedoch große Ähnlichkeit mit der beschriebenen GLAREANUS-Karte, die sich nach näherer Untersuchung als Handskizze der bislang unbekannten Holzschnittkarte herausstellte. GLAREANUS wies in seinen Textstellen auf den berühmten Kartographen WALDSEEMÜLLER hin, von dem er kopiert habe. So verlagert sich die rätselhafte Darstellung der Westküste Südamerikas von GLAREANUS auf WALDSEEMÜLLER, vom Jahre 1510 auf das Jahr 1507! Es wäre eine lohnenswerte Aufgabe, durch ein ausführliches Studium seiner Quellen die Herkunft des geographischen Wissens über die Westküste Südamerikas zu ergründen. WALDSEEMÜLLER benutzte geographische Kenntnisse der Antike über SOLINUS, POMPONIUS MELA und PTOLEMÄUS (vermutlich die Ulmer Ausgabe von 1486) sowie portugiesische Seekarten (KING-HAMY-Karte, CANTINO-Karte) und die Karte des NIKOLAUS DE CANERIO, welche zur Darstellung WALDSEEMÜLLERS die beste Beziehung hat.

Wie der Leser in den nachfolgenden Abschnitten erfahren wird, muß das äußere Bild einer Karte durchaus nicht mit der Wirklichkeit übereinstimmen, und dennoch kann die Darstellung exakt sein, da die gezeichnete Form der Kontinente entscheidend vom angewandten Netzsystem abhängt. Erst dessen Untersuchung erlaubt eine Aussage über die Richtigkeit der kartographischen Abbildung.

Die Karten von GLAREANUS (1510) und WALDSEEMÜLLER (1507) verblüffen im Gesamteindruck. Dieser bewog uns, sie in die Liste der „Rätsel" aufzunehmen. Eine vergleichbare Abbildung der Erdoberfläche, die in groben Zügen mit unserem heutigen, auf Erdkarten dargestellten Bild übereinstimmt, gab es erst viele Jahrzehnte später wieder. Die Frage, wer vor dem Jahre 1507 die Westküste Südamerikas bereist und gezeichnet hat, bleibt vorerst unbeantwortet.

Die Karte des Piri Reis von 1513 –
Rätsel türkischer Kartographie

Vom Piraten zum Kartenhersteller

Die Geschichte der türkischen Kartographie liegt heute noch ziemlich im Dunkeln, da ein Großteil der in den Archiven und Bibliotheken vorhandenen Karten- und Handschriftenbestände noch nicht allgemein zugänglich ist. Nur weniges ist bekannt geworden, allerdings mehr durch Zufall, als durch planmäßige Forschung. Doch gerade das byzantinische und später das türkische Reich muß auf Grund seiner günstigen Verkehrslage und als Mittler zwischen dem Orient und dem Okzident ohne Zweifel über eine reiche kartographische Tradition verfügt haben, lagen doch hier die Endpunkte des asiatischen Land- und Seeverkehrs.

Da im ausklingenden 15. Jahrhundert in diesem Land der Krieg und nicht der Frieden Normalzustand war, ordnete man auch die Geographie und Kartographie den sehr praktischen kriegerischen Bedürfnissen unter. „Mit der Eroberung Ägyptens und Syriens gelangte eine umfangreiche arabische geographische Literatur nach Stambul. Das regte die Türken zur Beschäftigung mit der klassischen Materie an und schärfte ihren Blick für eigene Beobachtungen." (Werner und Markov 1979, S. 108).

Aus dem 16. Jahrhundert kennen wir zwei Türken, die bei der Herstellung von Seekarten besonders erfolgreich waren. Sidi Ali Reis, Poet und Seefahrer, veröffentlichte 1554 ein Buch über den Indischen Ozean und Piri Reis, dessen bedeutende Arbeiten etwa 30 Jahre früher entstanden. Sein voller Name lautet Piri Muhyi'l – Din Rei's, er war Pirat, Seemann, Admiral und Geograph, einer der höchsten der Pforte (= türkische Regierung bis zum Jahr 1918). Unter dem Geburtsnamen Achmed Muhiddin kam er um das Jahr 1470 in Karaman, nahe der Stadt Konya, zur Welt. Sein Vater hieß Hadji Mehmed, seine Mutter war die Schwester des berühmten und berüchtigten Piraten Kemal Reis. In der ersten Ausgabe seines Segelhandbuches nennt sich

PIRI REIS Schwestersohn, in der zweiten gibt er sich als Brudersohn aus, möglicherweise, um auf den Sultan einen größeren Eindruck zu machen.

Bereits in seiner frühen Jugend schloß sich PIRI seinem Onkel an. Für einen Jungen müssen das spannende Erlebnisse auf einem Seeräuberschiff gewesen sein, und soviel bekannt ist, wurde er nie ernsthaft verletzt. In der Flotte seines Onkels zeichnete er sich später durch die Mitwirkung an Kampfhandlungen vor der französischen und venezianischen Küste aus.

KEMAL REIS und seine Mannschaft waren seinerzeit der Schrecken aller europäischen Flotten. Als der ehemalige Pirat 1495 in die türkische Flotte eintrat, übernahm er auch die Piratentaktik. „Kemal ließ die feindlichen Schiffe nahe herankommen und mit schwerem Geschütz beschießen. Dann überschütteten seine Matrosen den Feind mit einem Pfeilhagel und einem Kugelregen aus Hakenbüchsen. Unter dem Schutz dieser Geschosse enterten die Soldaten gegnerische Fahrzeuge, indem sie mit furchtbarem Geschrei auf das Deck stürzten und mit ihren Säbeln alles niedermachten, was sich ihnen in den Weg stellte. Auf diese Weise zeigten sie sich in kleinen Gefechten meist überlegen. Dagegen versagten sie in Seeschlachten, wo es auf die Kunst des Manövrierens ankam." (WERNER und MARKOV 1979, S. 84)

Der Staatsdienst hinderte KEMAL REIS nicht, „... gelegentlich wieder auf eigene Faust sich zu betätigen, ins westliche Mittelmeer zu fahren und die Besitzungen der Rhodiser Ritter zu beunruhigen. Damit bereitete er manchmal der Pforte Ungelegenheiten." (MORDTMANN 1929, S. 48)

Mit der Kooptierung des Piraten in die Dienste des Sultans wurde PIRI zum Kapitän der Flotte ernannt und erhielt damit erst den türkischen Titel „Reis" verliehen. 1501 war KEMAL REIS mit seinem Neffen im westlichen Mittelmeer und hat bei Valencia 7 spanische Segelschiffe gekapert. KEMAL REIS kam 1511 bei einem Schiffbruch in der Nähe von Naxos ums Leben.

PIRI REIS unterstützte zunächst mit seiner Flotte die Herrschaft des YAVUZ SELIM (1512–1520) und danach die des SULEIMAN II. Er war nicht nur Flottenbefehlshaber, sondern befaßte sich auch intensiv mit den maritimen Wissenschaften. Auf seinen zahlreichen Seefahrten erwarb er, insbesondere über die Mittelmeerländer, erstaunliche Kenntnisse und zahlreiche praktische Fertigkeiten. Die Verwendung fremdsprachiger Quellen war für ihn problemlos. Außer seiner Landessprache war er des Griechischen, Italienischen, Portugiesischen und Spanischen mächtig.

Er besaß auch literarische Begabung und schrieb einige Gedichte sowie Teile seines Segelhandbuches in lyrischer Form. In späteren Jahren bekleidete er den Posten eines Kapudan (= türkischer Statthalter) in Ägypten und unternahm in dieser Eigenschaft Fahrten mit

Schiffen von Suez aus nach dem Arabischen Meer und dem Persischen Golf. 1547 eroberte PIRI REIS mit seiner Flotte Aden.

1551 wurde PIRI REIS zum Kommandeur der ägyptischen Flotte berufen. Bei einer kriegerischen Expedition mit 31 Schiffen, die im gleichen Jahr stattfand, besetzte REIS den Hafen von Maskat auf der arabischen Halbinsel und belagerte die Inseln in der Straße von Hormus. Die Inselbewohner boten ihm große Schätze an, die er als Kriegsbeute annahm und die Belagerung aufhob. Auf seinem Rückweg erreichte ihn die Nachricht, daß eine mächtige portugiesische Flotte den Persischen Golf blockierte. PIRI REIS ließ alle Schätze auf 3 Schiffe verladen und die 28 übrigen in Al-Basra zurück. Mit diesen 3 Schiffen segelte er nach Kairo. Bei der Durchfahrt durch die portugiesische Blokkade verlor er 1 Schiff, kam aber sicher mit den beiden anderen nach Ägypten. Der dortige Statthalter, einer seiner politischen Gegner, schilderte diese Tatsache dem Sultan SULEIMAN II. in Istanbul falsch, indem er berichtete, daß REIS nur mit 2 Schiffen zurückgekehrt war, obwohl er mit 31 losfuhr. Natürlich erwähnte er dabei die Schätze nicht, die an Bord der zwei angekommenen Schiffe waren. SULEIMAN ordnete in einem Anfall von Wut die Todesstrafe an und beging so einen seiner zahlreichen Fehler während seiner 46jährigen Amtszeit. PIRI REIS wurde um 1554 im Alter von etwa 84 Jahren hingerichtet. Nach seinem Tode sollen Abgesandte aus Hormus im Namen der ausgeplünderten Einwohner nach Kairo gekommen sein, um die geraubten Wertsachen zurückzuerhalten, natürlich ohne Erfolg.

Die Anleitung zum Segeln im Mittelmeer

Lange vor dem Auffinden des Erdkartenfragments aus dem Jahre 1513 war dessen Existenz bekannt. PIRI REIS hatte in seinem später erschienenen Segelhandbuch „Bahrije" (= das Meer) von der Herstellung und Übergabe dieser Karte an den Sultan berichtet. Weil aus diesem Werk eine Reihe von Hinweisen über die Arbeitsprinzipien des türkischen Kartographen zu entnehmen sind, soll etwas ausführlicher darauf eingegangen werden. Dem Orientalisten und Mitentdecker der PIRI-REIS-Karte von 1513, PAUL KAHLE, verdanken wir die Herausgabe, Übersetzung und Erläuterung des „Bahrije".

In der Regierungszeit SULEIMAN II. (1520–1566) erreichte das Osmanische Reich in seiner Ausdehnung und Macht den Zenit. 25 Mio Menschen, die auf einer Fläche von 6 Mio km² lebten, standen unter türkischem Einfluß. Die wirksame Ausübung der Macht war nur durch die Meisterung des Seeverkehrs, speziell im östlichen Mittelmeerraum und im Schwarzen Meer, möglich. Dafür mußten neue Wege beschritten und wissenschaftliche Erkenntnisse gefördert werden. PIRI REIS erwarb sich mit der Verbesserung der Nautik große Verdienste. In seinem Segelhandbuch hat er alle Erkenntnisse über das Segeln im Mittelmeer zusammengefaßt. Dem Textteil sind etwa 215 Karten von Inseln und Ufergebieten beigefügt. Meerengen, Häfen, Festungen und Untiefen sind besonders gekennzeichnet. Zur Anfertigung des „Bahrije" benutzte PIRI REIS viele alte Quellen. KAHLE ist sogar der Meinung, daß REIS eine Art Segelanweisung zur Verfügung hatte, deren Angaben über Jahrhunderte von vielen Generationen vervollständigt wurden. Die Mehrzahl der Quellen war sicher nichttürkisch. Viele gelangten durch Eroberungsfeldzüge in türkische Hände. So besaß PIRI REIS aller Wahrscheinlichkeit nach venezianische Seekarten, die ihm ebenfalls als Vorlage dienten. Auf Grund seiner umfangreichen Sprachkenntnisse konnte REIS die Texte in das Türkische übersetzen und auswerten. Hinzu kamen viele eigene Erfahrungen bei der Schifffahrt. Vermutlich weilte er schon im Jahre 1487 mit seinem Onkel in spanischen Gewässern. Seine Mitwirkung bei der Schlacht von Methone (Modon) um das Jahr 1500 ist belegbar. So konnte der Verfasser des türkischen Segelhandbuches bereits auf eine 20- bis 30jährige Praxis als Seemann und Navigator zurückblicken und diese Erfahrungen in sein Werk einarbeiten. Allein die große Fülle an geographischen Informationen und praktischen Fähigkeiten, die im „Bahrije" beschrieben ist, zeigt, daß das dafür notwendige wissenschaftliche Material unmöglich aus einem Menschenleben stammen kann.

Die erste Ausgabe des Segelhandbuches wurde 1521 in Gelibolu (Gallipoli) fertiggestellt. Die 130 Kapitel beschrieben jeweils eine Insel oder einen Küstenabschnitt und waren mit je einer Karte versehen. Diese Sammlung loser Blätter hat PIRI REIS auf vielen Reisen an Bord gehabt. So auch im Jahre 1524, als er als Lotse den Großwesir IBRAHIM PASCHA nach Ägypten begleitete. Die Flotte kam in ein starkes Unwetter, und fünf Tage bestand größte Gefahr für Schiffe und Besatzung. Dank der nautischen Kenntnisse, im Segelhandbuch niedergeschrieben, überstand die Flotte das Unwetter. Im poetischen Schluß der zweiten Ausgabe (vermutlich 1524 fertiggestellt) berichtete PIRI REIS (1926, S.62) über die Worte des Großwesirs: „Er hat gesagt, es gibt bei dir viele Fähigkeiten, auch in deiner Natur hervorragende Vollkommenheit. Alle Verhältnisse des Meeres sind bekannt geworden, nicht irgend eine Stelle ist in deinem Herzen bedeckt. Ich wünsche, daß du alles erleuchtet machst, damit du deshalb bei der Auferstehung erwähnt werdest. Du sollst dieses Buch schön sammeln und zusammenstellen, finden soll Nutzen, wer es hört. Auch ist dieses Buch außergewöhnlich zweckmäßig, es wäre würdig in der Schatzkammer aufbewahrt zu werden. Korrigiere es und bringe es herbei, mach keine Entschuldigung, damit wir es dem Herrn der Welt übergeben ... Da diesem Sklaven [PIRI REIS, Verfasser] so der Befehl kam, geschah seine Befolgung von Herzen, o Freund. Zwar hatte ich mich zuvor mit dieser Sache beschäftigt, aber ich hatte sie noch nicht zur Vollkommenheit gelangen lassen. Sogleich habe ich Eifer und Fleiß in hohem Maße angewandt, habe es ins Reine geschrieben, es fertig gemacht."

Die Einleitung zur 2. Ausgabe besteht aus 50 Kapiteln mit über 1100 türkischen Versen. Der Hauptteil ist in Prosa geschrieben, was PIRI REIS (1926, S.64) wie folgt begründete: „Der Grund für die Prosa ist dieser, daß wir in diesem Buche zwar den Kompaß und die Karte und die Winde und die Verhältnisse der Untiefen insgesamt in Poesie erklärt haben, aber die Maßnahmen für das Mittelmeer haben wir in Prosa erklärt. Denn wenn wir es in Poesie erklären wollten, so würde es eine Verlängerung der Rede bedeuten. Da aber zur Zeit der Anwendung, in der Nacht, und an Stellen der Gefahr eine Verlängerung der Rede nicht angebracht ist, so ist eine kurze ausreichende Antwort zweckmäßig. Nun sind zunächst die Kommentare jeder Stelle geschrieben, danach die Bilder dieser Plätze aufgezeichnet worden, damit zur Zeit der Anwendung und in der Nacht und an Stellen der Gefahr man sogleich in dieses Buch Einsicht nehmen könne. Wenn man mit ihm arbeiten wird, so ist, so Gott der Erhabene will, die Hoffnung vorhanden, daß man zum Ziel komme."

Dem Orientalisten PAUL KAHLE, dem in dieser Zeit besten Kenner des Werkes von PIRI REIS, sind insgesamt 18 verschiedene Handschriften des Segelhandbuches bekannt geworden. Eine befindet sich noch in der Sächsischen Landesbibliothek in Dresden und ein Teil der Karten in der Sammlung der Deutschen Staatsbibliothek in Berlin.

An einer Stelle des Segelhandbuches erwähnt der Autor, daß die bekannte Welt bei 55° südlicher Breite aufhört und eine Schiffahrt weiter südlich nicht mehr möglich sei. Die Bemerkung läßt den Schluß zu, daß PIRI REIS die zur Herstellung der Weltkarte von 1513 verwendeten Quellenkarten in ihrem gesamten Inhalt an geographischem Wissen nicht verstanden hat. Wie uns bekannt ist, reicht der südliche Teil des Kartenfragmentes bis in etwa 70° südlicher Breite, wobei er durch Weglassen eines Teiles der südamerikanischen Küste und der Drakestraße an gleicher Stelle nur zu 45° gelangt. Natürlich kann man diese Bemerkung auch anders interpretieren. Wenn für PIRI REIS auf Grund der Weglassungen 70° gleich 45° südlicher Breite waren, man dazu noch 10° bis zu 55° ergänzt (in der Wirklichkeit dann 80° südliche Breite), befinden wir uns 10° vom Südpol entfernt, und da ist Schiffahrt wahrhaftig nicht mehr möglich.

PIRI REIS sah in seinem Segelhandbuch kein theoretisches Werk, sondern eine praktische Anleitung für den Seemann. So finden sich im „Bahrije" Angaben über nautische und militärische Verhältnisse, Ankerplätze, Riffe, Trinkwasserquellen, Befestigungen mit denen man bei kriegerischen Handlungen zu rechnen hat sowie Angaben zu den Machtverhältnissen. Weiter sind Notizen über die landwirtschaftliche Nutzung, Ansiedlungen und sogar Ruinenstätten enthalten. Letztere sind deshalb besonders wertvoll, weil sie den Zustand zu Beginn des

16. Jahrhunderts festhalten und die daran geknüpften historischen Erklärungen von türkischen Gesichtspunkten ausgehen. Moderne archäologische Forschungen vor Ort bestätigten inzwischen die Zuverlässigkeit der Angaben von PIRI REIS.

So weisen die Texte des Segelhandbuches in seinen beiden Ausgaben auf einen vielseitigen und versierten Praktiker hin, auf einen Mann, der das Wissen der Vorfahren zu nutzen verstand, es mit eigenen Erfahrungen verglich, korrigierte und einer weiteren Anwendung zugängig machte.

In der Serailbibliothek wird zufällig ein Kartenfragment entdeckt

Daß man in Bibliotheken alte Karten entdecken kann, klingt auf den ersten Blick kurios. Trotzdem sind auch heute noch derartige Entdeckungen zu erwarten. Seien es Platzmangel, Desinteresse oder andere Beweggründe, die zu einem Ablagern von Archivmaterialien führen, auf jeden Fall sind sie erst einmal der ständigen Benutzung entzogen und der Vergessenheit ausgeliefert.

Gerade die ältesten Karten haben durch die verschiedensten Einflüsse besonders gelitten. In Kriegszeiten wurden sie in unterirdischen Verließen vor dem Feind versteckt und vergessen.

Ein ähnliches Schicksal war der Erdkarte des PIRI REIS aus dem Jahre 1513 beschieden. Sie lagerte in einem schwer zugänglichen Raum der Bibliothek des „Alten Serail" in Konstantinopel [Istanbul].

Ende der 20er Jahre unseres Jahrhunderts vollzog sich in der Türkei eine antiimperialistische bürgerliche Revolution. In seinem ersten Präsidenten, MUSTAFA KEMAL PASCHA, der sich seit der Einführung der Familiennamen im Jahre 1935 KEMAL ATATÜRK (= Vater der Türken) nannte, besaß das Volk einen gegenüber der Landesgeschichte sehr aufgeschlossenen Mann. So brachte die Umwandlung der Türkei in eine Republik auch Besichtigungserleichterungen für die Räume im „Alten Serail". Ausländische Forscher arbeiteten hier gemeinsam mit ihren türkischen Kollegen an der Erfassung, Restaurierung und Erhaltung der kostbaren Schätze. So war der deutsche Theologe ADOLF DEISSMANN schon seit 1927 hier tätig und vom Generaldirektor des Serail, BEJ HALIL EDHEM ELDEM, beauftragt, dem Museum übergebene Handschriften in die Serailbibliothek einzuordnen. Sie waren verschiedentlich während des griechisch-türkischen Feldzuges aufgetaucht und sollten nun der Wissenschaft zugänglich gemacht werden. Im Herbst des Jahres 1929 bat ADOLF DEISSMANN den Direktor um Nachforschungen nach eventuell noch unentdecktem Kartenmaterial, und am 9. Oktober 1929 erhielt er von ihm ein ganzes Bündel solcher

Karten. Darunter befand sich, wie sich erst später herausstellte, auch die Karte des PIRI REIS aus dem Jahr 1513. Glücklicherweise war der Orientalist PAUL KAHLE von der Universität Bonn anwesend. KAHLE entdeckte in einer Legende den Namen des Zeichners und erinnerte sich an einen Abschnitt des schon zuvor von ihm bearbeiteten Segelhandbuches des gleichen Autors. Tatsächlich, diese Karte wurde schon im „Bahrije" erwähnt, und sie war ohne Zweifel von PIRI REIS verfaßt. Die entsprechende Stelle im Segelhandbuch lautet: „Dieser Arme hat zuvor auch eine Karte konstruiert, die hat gegenüber den bisher vorhandenen Karten um ein Vielfaches mehr Details aufgewiesen; er hat darin sogar die neu herausgekommenen Karten des indischen und chinesischen Meeres, die in den Ländern von Rum [das alte byzantinische Reich, Verfasser] niemand bekannt waren, eingetragen und sie der glückverheißenden Pforte des seligen, begnadeten Sultans Selim Han, dessen Erde geweiht sein möge, in Kairo selbst dargebracht, und sie ist gnädig aufgenommen worden ..." (*Re'is* 1926, S. 3 der Vorrede).

Das aufgefundene Kartenfragment (Abbildung 5 – siehe Beilage) ist 85 × 60 cm groß und enthält eine Anzahl von Textangaben in türkischer Sprache, geschrieben teils durch den Kartenhersteller, teils durch einen Schreiber. Zufällig blieb der Teil der Karte erhalten, in welchem Vermerke über ihre Quellen zu finden sind. Daß es sich bei der aufgefundenen Karte nur um ein Fragment handelt, zeigt auch die folgende Anmerkung: Sie sei „... eine Karte mit den sieben Meeren ..." (AKCURA 1933, S. 20), obwohl auf dem erhalten gebliebenen Kartenrest nur der Atlantik und die angrenzenden Landmassen zu finden sind.

Im Segelhandbuch, poetische Einleitung zur zweiten Ausgabe, nennt PIRI REIS diese sieben Meere. Es sind die von China, Indien, Persien, Zeng (= Ostküste Afrikas), das Bahr-i-Maghrib (Atlantik), das Mittelmeer und das Rote Meer.

Auf Grund dieser Angaben bestand zwischen PAUL KAHLE und ADOLF DEISSMANN Einigkeit betreffs der Zuordnung dieses Kartenfragmentes. Bereits die ersten flüchtigen Untersuchungen ließen seine Außergewöhnlichkeit erkennen, und doch hatten die beiden nur den Anstoß zu einer Sensation geliefert, die sie leider nicht mehr erlebten.

Bei der Übersetzung der Textstellen fand PAUL KAHLE einen Hinweis auf die Verwendung etwa 20 alter Karten, darunter einer COLUMBUS-Karte, als Quellen. Keines der erwähnten Dokumente hat sich bis in unsere Zeit erhalten. Eine verschollene COLUMBUS-Karte war jedoch immer wieder im Gespräch. Für die Entdecker war der Hinweis auf die COLUMBUS-Karte von Bedeutung, und so konnten sie die Definition des erstaunlichen kartographischen Werkes davon ableiten. PAUL KAHLE (1933, S. 248) argumentierte dabei wie folgt: „Eine große Zahl von Inseln sind mit Papageien geschmückt, so auch Haiti/Zipango und eine

Insel mit dem Namen Antilia. Alle diese Inseln sind Fabelinseln und entsprechen nicht tatsächlich vorhandenen Inseln. Sie stammen offenbar aus der Karte, die dem Columbus als Wegweiser für seine erste Reise diente und über die er am 25. September 1492 nach Ausweis des Journals mit Alonso Pinzon, dem Führer der ‚Pinta' verhandelte. Es ist sehr wahrscheinlich, daß diese Phantasiekarte die Grundlage für die Columbuskarte gebildet hat und daß Columbus in sie die neu entdeckten Inseln eingetragen hat. Wir können also nach dieser Karte diese alte Karte mit ziemlicher Sicherheit rekonstruieren. Bekanntlich soll dem Columbus die Karte des Florentiner Astronomen Toscanelli als Grundlage gedient haben, die wir nur aus Rekonstruktionen kennen. Henry Vignaud hat die Karte des Toscanelli und die Korrespondenz mit ihm mit großem Scharfsinn als spätere Erfindung zu erweisen gesucht. Sicher ist jedenfalls, daß das Bild der Karte, das sich hier ergibt, wesentlich anders aussieht als die Rekonstruktion der Toscanellikarte, und daß der Bericht des Augenzeugen, den die Karte [gemeint ist die Karte des PIRI REIS, Verfasser] enthält, wohl von dem Buche redet, dem Columbus die mutmaßliche Anregung für seine Fahrt verdankt (d. h. der Imago Mundi des Kardinals Pierre d'Ailly), aber nicht irgendwie auf die Karte des Toscanelli oder die Korrespondenz mit ihm Rücksicht nimmt."

So wurde bei der Formulierung des ausführlichen Titels, wie wir heute wissen, ungerechtfertigterweise die „COLUMBUS-Karte" zu sehr betont: „Seekarte der Alten und der Neuen Welt, auf Grund einer Amerikakarte von Christoph Columbus und anderen Vorlagen gezeichnet von Piri Reis zu Gallipoli im März 1513; Original, von Piri Reis dem Sultan Selim I. in Kairo 1517 überreicht." (DEISSMANN 1933, S. 111).

Im Februar 1931 wurde die erste Fotografie von dieser Karte angefertigt und in der Londoner Zeitschrift „The Illustrated London News" am 23. Juli 1932 veröffentlicht. Vorausgegangen waren zwei Fachvorträge, einmal von PAUL KAHLE am 9. September 1931 zum 18. Internationalen Orientalistenkongreß in Leiden und zum anderen von dem Geographen OBERHUMMER am 2. Dezember 1931 zur Sitzung der philosophisch-historischen Klasse der Akademie der Wissenschaften in Wien.

Der Präsident der Türkischen Republik ließ die Karte nach Ankara kommen und widmete sich persönlich ihrem Studium. Auf seine Anordnung hin wurde sie in der türkischen Staatsdruckerei im Faksimiledruck vervielfältigt und im Jahre 1933 mit einer Übersetzung der Textstellen in Deutsch, Englisch und Französisch sowie einer Erläuterung an viele Bibliotheken der Welt geliefert. So befindet sich auch ein Exemplar im Besitz der Kartenabteilung der Deutschen Staatsbibliothek in der Hauptstadt der DDR. Das Kartenfragment trägt die eigenhändige Signatur seines Zeichners: „Gezeichnet hat sie der Arme Piri, Sohn des Hadschi Mehmet, der bekannt ist als der Brudersohn des Kemal Reis, in der Stadt Gallipoli – Gott verzeihe ihnen beiden – im Monat des geheiligten Muharrem des Jahres 919 (= 9.März bis 7.April 1513)." (Akcura 1933, S.9)

Als Zeichnungsträger wurde transparent aufgetrocknete Kamelhaut verwendet. Auf dem Original sind noch neun sehr gut erhaltene Farben zu erkennen. Die Karte besitzt wie die zeitgenössischen Portolane ein Netz, das in dem erhalten gebliebenen Teil aus 5 Windrosen und Kompaßlinien besteht. Ihm ist ein zweites Netz untergelegt, welches Längen- und Breitengrade aufweist, die etwa im Abstand von 23° Breite und 21° Länge die Karte in große Quadrate unterteilen. Entsprechend der auch anderswo verwendeten Kartenzeichen wurden Städte und Burgen durch rote Markierungen, Klippen und Felsen durch schwarze Punkte, unsichtbare Riffe durch Kreuze, seichte und sandige Stellen durch rote Punkte und unbewohnte Gegenden durch schwarze Linien auf dem Pergament markiert. Zwei Maßstabsleisten dienen der Entfernungsangabe.

Nach Ibrahim Hakki bestehen die Kartentexte aus zwei Handschriften, von denen eine offenbar Piri Reis' Schrift ist. Trotz intensiver Suche in der Bibliothek des Serail konnten die fehlenden Stücke der Piri-Reis-Karte bis heute nicht gefunden werden. Zum Vorschein kam lediglich das Fragment einer zweiten Erdkarte von Piri Reis, hergestellt im Jahr 1528 (s. S.52).

Betrachten wir zunächst die Darstellungen auf dem Kartenfragment von 1513, um zu einer ersten Orientierung zu gelangen.

Im Nordosten ist ein Zipfel von Frankreich, die Iberische Halbinsel mit dem Bild des Königs von Portugal, die Straße von Gibraltar und weiter im Süden dann Westafrika, hier mit dem Sultan von Marokko und dem Padischah von Guinea, zu sehen. Neben den beiden Herrschern entdeckt man einen Elefanten und einen Strauß. Im Nordosten des Atlantiks sind die drei großen Inselgruppen, die Azoren, die Kanarischen Inseln und die Kapverden gezeichnet. Neben den Azoren befindet sich eine große Güge, ein zweideckiges, auch zum Rudern eingerichtetes Segelschiff sowie die Beischrift, in der es heißt, daß die Inseln während eines Sturmes von Genuesen entdeckt wurden, die von Flandern heimkehrten. Das ist bemerkenswert, schließlich war dies den Portugiesen, als sie 1351 dorthin kamen, unbekannt. Bräunlich (1937, S.6), der sich in der Mitte unseres Jahrhunderts ebenfalls eingehend mit dieser Karte befaßt, schreibt dazu: „Da Piri diesen Vermerk kaum von den portugiesischen Wiederentdeckern erhalten haben kann, sieht es fast so aus, als ob er darüber in Gallipoli in den Akten älterer Zeit eine Notiz gefunden hat." Wir sehen an diesem Zitat, daß sich erste Gedankengänge hinsichtlich eines viel älteren geographischen Wissens auch schon bei den Kartographen finden lassen, die sich zuerst mit der Karte befaßten. Da sie jedoch nur geringfügig älteres Wissen vermuteten, haben sie diese Gedanken nicht weiter verfolgt. Die Ungewöhnlichkeit der PIRI-REIS-Darstellung kommt auch in dem folgenden Zitat von BRÄUNLICH (1937, S. 19 f.) zum Ausdruck: „Wenn wir die bedeutenden Erzeugnisse damaliger Kartographie mit Piri Reis' Werk vergleichen, kommen wir jedesmal in Schwierigkeiten. Stets gehen sie in wesentlichen Punkten auseinander. So kann der Türke die Karten des Juan de la Cosa, des Petrus Martyr nicht kopiert haben, weil sie Cuba als Insel vermerkten, er kann auch die Karte des Ruysch (1508) nicht benutzt haben, weil dieser, in Übereinstimmung mit den Anschauungen des Cabral, Brasilien als Insel einzeichnet. Ja selbst mit der Auffassung des Amerigo Vespucci verträgt sich der scharfe Knick der Küste nach Osten bei Piri nicht, denn Vespucci forderte und suchte eine südwestliche Durchfahrt nach Malakka, die zwischen dem Kontinent und der Terra Australis verlaufen sollte. Offenbar hat Piri Reis sein Werk aus ganz heterogenen Karten zusammengearbeitet, wie er ja selbst angibt, dabei ohne hinreichende abendländische Tradition."

Im Norden des Atlantik sind ein Wal, ein großes Segelschiff, ein Boot und zwei Männer zu sehen. Es ist die Illustration der Sage vom HEILIGEN BRANDAN, der Anker auf dem Rücken eines schlafenden Wales geworfen haben soll, was diesem nicht besonders behagte. Als die Männer, die den Wal für eine kleine Insel hielten, schließlich noch ein Feuer entzündeten, war es mit seiner Geduld vorbei, und er tauchte zum Entsetzen der Seeleute ab.

Die westlichen Küsten zeigen Mittelamerika mit der Karibik in einer stark verzerrten Abbildung. Deshalb kam es auch zu zahlreichen Meinungsverschiedenheiten bezüglich der geographischen Zuordnung der Inseln und Küsten in diesem Kartenteil. So war KAHLE der Auffassung, daß die Mehrzahl der Inseln nie existiert hat. OBERHUMMER dagegen bezeichnet diese Annahme als sehr gewagt.

Südamerika erscheint als ein geschlossener Kontinent, und BRÄUNLICH äußerte schon 1937 die Vermutung, daß es sich hierbei um eine Teilkarte handelt, die wiederum aus mehreren Einzelkarten zusammengefügt wurde. Damit war er den Tatsachen schon ziemlich nahe gekommen, doch dies stellte sich erst 30 Jahre später heraus.

Im Kartenbild fallen vor allem die mächtige, von Nord nach Süd verlaufende Gebirgskette und verschiedene Tiere, sowie ein Ungeheuer, dessen Brust als Kopf gestaltet ist, auf. Die südamerikanische Ostküste setzt sich im Süden unter Weglassung der Drakestraße scheinbar unvermittelt in der antarktischen Küste fort. BRÄUNLICH und andere Autoren bezeichnen die Küste als einen Teil der Terra Australis, des geheimnisvollen und unbekannten Südlandes. Besonders in der populärwissenschaftlichen Literatur wird die Terra Australis gern zu den „Phantasieländern" gezählt und strikt von der Antarktis unterschieden. Wir sehen zwischen beiden keinen qualitativen Unterschied. Schließlich befindet sich am Südpol tatsächlich ein mächtiger Kontinent, wenn er auch die Ausdehnung der vermuteten Terra Australis nicht erreicht. Möglicherweise ist dieser Riesenkontinent auch nur in das Bewußtsein der Menschen gedrungen, weil man die Kartennetzentwürfe älterer Karten nicht verstand und mittelalterliche Kartographen die Ausdehnung völlig falsch angaben.

In der Nähe des großen südamerikanischen Gebirgszuges befinden sich ein Puma und ein Tier, das ein Lama sein könnte, wenn es nicht Hörner hätte. Während OBERHUMMER feststellt, daß die Anden als mächtiges Gebirge hervortreten, kamen KAHLE und HAKKI zur Ablehnung dieser These, indem sie einfach erklärten, daß zur Zeit der Entstehung der Karte des PIRI REIS, also im Jahre 1513, noch keine Kenntnis von den Kordillieren in Europa sein konnte.

So begegnen wir in den Auswertungen durch die damaligen Fachleute Bewunderung, Erstaunen, Mißtrauen und Unverständnis, hier und da aber auch dem die Wissenschaft immer hemmenden Bemühen, dieses durch Zufall entdeckte Zeugnis menschlichen Geistes in die Reihe der zwar bedeutenden, aber historisch nichts Neues bietenden Relikte dieser Zeit zurücksinken zu lassen. Glücklicherweise haben zahlreiche Untersuchungen der letzten beiden Jahrzehnte dies verhindert.

Bemerkenswert erscheint uns noch, daß sich zufälliger- oder beabsichtigterweise das wichtigste Kartenfragment erhalten hat. Auf diesem Teil der Karte ist das Signum ihres Zeichners zu finden, und es trägt zahlreiche, sehr informative Angaben zum Werk. Deshalb ist es uns möglich, nun den besten Kenner der Karte, PIRI REIS, durch seine Angaben auf dem Pergament zu Wort kommen zu lassen.

Die Quellen des PIRI REIS

Auf dem erhalten gebliebenen Teil der Karte befinden sich 24 gut unterscheidbare Textstellen. Sie sind die wichtigste, da original erhaltene Quelle, um zu den Ausgangspunkten und den Zielen der Arbeit des türkischen Kartographen eine Aussage treffen zu können. Wir folgen dabei der auf der Beilage zum Faksimiledruck publizierten Übersetzung aus dem Türkischen, angefertigt von HASA FEHMI BEY.

Das „Impressum" steht im Nordwesten Südamerikas. In dem darunter befindlichen längsten Teil des Fragmentes wird dargelegt, „... auf welche Weise diese Küsten und auch diese Inseln gefunden worden sind. Diese Küsten nennt man Antilia-Gestade ... Aber man berichtet folgendermaßen: Es soll einen ungläubigen Genuesen namens Columbus gegeben haben: er ist es, der diese Gebiete aufgefunden hat. So soll in dieses Columbus Hand ein Buch gekommen sein. In diesem Buch findet er die Angabe, daß das Westmeer ein Ende hat, das heißt, daß es auf der Seite des Unterganges Küsten und Inseln und allerlei

Bergwerke und auch den Edelsteinberg gibt. Er liest dieses Buch vollständig, erläutert diese Dinge den Großen von Genua Stück für Stück ..." (AKCURA 1933, S. 9). Den Fortgang der Geschichte kennen wir. Welches Buch hatte COLUMBUS in der Hand? Möglicherweise das im Jahre 1410 von PIERRE D' AILLY, genannt PETRUS DE ALLIACO, geschriebene und 1480 bis 1483 in Leuven (Löwen) in lateinischer Sprache gedruckte „Imago Mundi". Bei seiner dritten Reise war dieses Buch mit Sicherheit an Bord. COLUMBUS verfaßte Randnotizen und fertigte Übersetzungen an. ALLIACO vertrat folgende Hauptthesen: 1. Die Erde besitzt Kugelgestalt; 2. die Erde ist verhältnismäßig klein, und 3. die bekannten Erdteile ragen weit nach Osten, was einen relativ kurzen Seeweg von Europa westwärts bedeutet.

Im Text des Kartenfragmentes erfahren wir von PIRI REIS, wie die geographischen Informationen von den Columbusreisen zu ihm gelangten: „Der verstorbene Gazi Kemal [der Onkel des PIRI, Verfasser] hatte einen spanischen Sklaven. Der besagte Sklave hat gesagt: Ich bin mit Columbus dreimal nach jenem Gebiet gefahren, und er hat dem verstorbenen Kemal Reis erzählt und gesagt: Zuerst sind wir zum Septe Boğazi [Straße von Gibraltar, Verfasser] gelangt; nachdem wir dann von dort geradeaus viertausend Meilen in der Richtung mitten zwischen West und Süd gesegelt waren, sahen wir uns gegenüber eine Insel ... Die Einwohner dieser [eine andere, Verfasser] Insel sehen, daß ihnen von diesem Schiff kein Schaden kommt, sie kommen heran, fangen Fische und bringen sie auf ihren Booten. Auch die Spanier sind froh darüber und geben ihnen Glasperlen; er (Columbus) soll nämlich in dem Buch gefunden haben, daß Glasperlen in dieser Gegend geschätzt sind ... Jetzt sind jene Gegenden völlig erschlossen und berühmt geworden. Diese Namen soviel ihrer bei den erwähnten Küsten und Inseln stehen, hat sämtlich Columbus gegeben, daß sie unter ihnen bekannt seien. Und Columbus soll auch ein großer Astronom gewesen sein. Was es auf der genannten Karte an diesen Gestaden und Inseln gibt, ist alles von der Karte des Columbus abgezeichnet worden." (AKCURA 1933, S. 9f).

Der erwähnte spanische Sklave kann nur Teilnehmer der dritten COLUMBUS-Reise gewesen sein. Die erste begann am 3. August 1492 von Palos (westlich von Gibraltar), die zweite am 25. September 1493 ebenso wie die vierte (9. Mai 1502) von Cádiz und nur die dritte Reise, beginnend am 30. Mai 1498 von Sanlúcar, dem Vorhafen Sevillas, führte zunächst zur Straße von Gibraltar.

Recht kurios ist die im weiteren Fortgang des Textes erläuterte Geschichte mit den Glasperlen. Sie wurde verschiedentlich in den Vordergrund der Diskussionen um die Karte gestellt, wir sehen darin kein Mysterium. Da reist ein Entdecker in unbekannte Länder und hat zuvor in einem Buch gelesen, welche Geschenke die Bewohner dieser Länder bevorzugen! Möglich erscheint uns hier, daß COLUMBUS deshalb Glasperlen mitnahm, weil andere Reisende vor ihm in ähnlichen Situationen damit Erfolg gehabt hatten. Zum anderen ist ja nun inzwischen allgemein bekannt, daß COLUMBUS nicht der erste Europäer war, der die Neue Welt besucht hat – auf welchem Wege allerdings die Reiseerfahrungen eines Vorgängers zu ihm gelangten, ist unklar.

Wie ausführliche Untersuchungen der PIRI-REIS-Karte ergaben, handelt es sich bei der Darstellung der mittelamerikanischen Küstengebiete um die Kopie einer Teilkarte, die ursprünglich mit einer anderen Nordrichtung und in einer komplizierten Projektion gezeichnet war. Weder COLUMBUS, falls er im Besitz dieser Ursprungskarte war, noch PIRI REIS entschlüsselten das Geheimnis des Originals, und so gelangte es in die Karte des Türken in einer völlig falschen Orientierung.

Eine weitere Legende, westlich der Südspitze Südamerikas eingetragen, erläutert uns die Methode, nach welcher die Karte verfaßt worden war: „Eine Karte von der Art dieser Karte besitzt in dieser Zeit niemand. Verfasst von der Hand dieses Armen ist sie jetzt hergestellt worden. Zumal hat er von rund zwanzig Karten und Mappamondos – und zwar ist da die zur Zeit des Iskender des Zweigehörnten verfasste Karte, auf der die bewohnte Welt bekannt gemacht ist, die Araber nennen diese Karte Dschafariye, von acht solchen Dschafariye-Karten also und von einer arabischen Indien-Karte und von den Karten, die eben von vier Portugiesen verfaßt worden sind und auf welchen Karten die Länder Sind und Hind und China nach der Methode der Geometrie eingezeichnet sind, und von einer Karte, die Columbus in der westlichen Gegend gezeichnet hat, hat er dies entnommen und es auf einen Maßstab gebracht, und so hat sich diese Form ergeben, so daß also in demselben Grade, als Karten dieser (unserer) Gegend unter den Seeleuten als richtig und vertrauenswürdig gelten, auch die vorliegende Karte mit den sieben Meeren richtig und vertrauenswürdig ist." (AKCURA 1933, S. 8).

Diese interessanten Angaben unterstreichen, daß PIRI REIS die Mehrzahl der geographischen Informationen aus alten Quellen entnahm. Die uns interessierenden alten kartographischen und geographischen Informationen müssen demnach in den genannten Quellenkarten enthalten gewesen sein, doch leider ist heute keine mehr vorhanden, und es bleibt nur die Möglichkeit, sich über die PIRI-REIS-Karte den unbekannten Karten zu nähern. Aus den Legenden geht eindeutig hervor, daß PIRI zum Zeitpunkt der Kartenherstellung vom Wert der alten Quellen überzeugt war. 15 Jahre später scheint sich seine diesbezügliche Auffassung gewandelt zu haben, wie seine Karte von 1528 bezeugt. Im Gegensatz zu den Segelhandbüchern war die Karte von 1513 möglicherweise nie für die praktische Anwendung auf See gedacht. Auf Grund einer Bemerkung im Segelhandbuch ist anzunehmen, daß PIRI REIS sie nur zu Aufbewahrung bei der Pforte gefertigt hat und die Karte nie ein Schiff sah.

Südwestlich von Feuerland steht folgendes: „Die ungläubigen Portugiesen erzählen, daß, wenn an diesem Ort Tag und Nacht kurz werden, sie zwei Stunden, wenn sie lang werden, zweiundzwanzig Stunden dauern. Aber der Tag ist dort sehr heiß und nachts fällt viel Tau, sagen sie." (AKCURA 1933, S. 10). Im ersten Teil des Zitates ist ein Hinweis auf die geographische Breite verborgen, bis zu welcher die Portugiesen schon vorgedrungen waren. Nimmt man an, daß für „Tag" und „Nacht" die Stellung des Sonnenmittelpunktes ober- und unterhalb des Horizontes gemeint ist, dann liegt der Ort etwa auf dem 65. Breitenkreis, also in der Nähe des südlichen Polarkreises (= 66° 30′ südlicher Breite). Die erste verbürgte Überquerung dieser Linie gelang JAMES COOK am 17. Januar 1773, also 260 Jahre nach Anfertigung der PIRI-REIS-Karte! Legt man den Angaben auf der Karte die nautische Dämmerung (Sonne = 12° unter dem Horizont) zugrunde, dann träfe der Text noch für eine Breite von 54° zu. Dies würde auch mit der Lage der Legende auf der Südspitze Südamerikas besser übereinstimmen. Allerdings ist keine Reise der Portugiesen bis zum Jahre 1513 in diese Gegend bekannt. Der zweite Teil der Legende, das Klima betreffend, steht im Widerspruch zur Angabe solch hoher Breite. Aus derartigen Bemerkungen, so interessant sie sein mögen, läßt sich unseres Erachtens jedoch kein Beweis für eine erfolgte Entdeckung ableiten. Dazu bedarf es weiterer Angaben.

Der folgende Text, der sich zwischen 65 und 70° südlicher Breite auf der Karte befindet, berichtet von einer portugiesischen Fahrt nach Indien. Das Schiff wurde vom Wind nach Süden abgetrieben, und die Seefahrer entdeckten neues Land. AKCURA (1933, S. 10) übersetzte hierzu: „... die besagte Barke kehrt, ohne nach Indien zu segeln, nach Portugal zurück und gibt Nachricht ... sie beschreiben diese Küsten mit ihren Einzelheiten. Sind sie ihre Entdecker geworden?" Vielleicht sollten diese und die vorhergehende Bemerkung einmal Anlaß zu einer Recherche der frühen portugiesischen Entdeckungen werden. Diese Frage einfach zu verneinen, schafft das Problem nicht aus der Welt.

Bemerkenswert widerspruchsvoll ist der Text der südlichsten Eintragung, sozusagen direkt auf dem „geheimnisumwittertsten" Teil der Karte (AKCURA 1933, S. 10): „... diese Gegend ist unbewohnt, alles ist wüst, und es soll hier große Schlangen geben. Aus diesem Grunde sollen auch die portugiesischen Ungläubigen an dieser Küste nicht an Land gegangen sein. Und diese (Küsten) sollen auch sehr heiß sein." Nun scheint gar nichts mehr zu stimmen! Einerseits wird behauptet, daß PIRI REIS hier einen Teil der antarktischen Küste gezeichnet hätte, und andererseits spricht er von „sehr heißen" Küsten. Dabei besteht kein Zweifel daran, daß Antarktika auch schon zu Beginn des 16. Jahrhunderts mit einer kilometerdicken Eiskappe bedeckt war. Verschiedene Autoren sehen gerade in diesem Widerspruch ein Indiz für das enorm hohe Alter des in der Karte des Piri Reis gezeichneten geographischen Wissens. Dieser Teil der antarktischen Küste müßte demnach vor der letzten großen Vereisung gezeichnet worden sein. Die Verfasser vermuten hier einen Übermittlungs- oder Zeichenfehler. Vielleicht gehört die Legende an eine ganz andere Stelle der Karte. Solche Fehler konnten in einigen Fällen Piri Reis nachgewiesen werden.

Nach alldem bisher Gesagten verwundert es nicht, daß die Entdekkung der „inhaltsschweren" Erdkarte von 1513 zuerst bei den Fachleuten und später in verstärktem Umfang auch bei den interessierten Laien auf großen Widerhall stieß. Daß dabei manche kuriose und phantastische Idee geboren wurde, liegt in der Natur der Sache.

Ein Geschichtsprofessor und seine Studenten lüften erste Rätsel alter Karten

Seit den Veröffentlichungen und Diskussionen, die sich an die Wiederentdeckung der Karte des Piri Reis im Jahre 1929 anschlossen, schien die Karte wieder in die Vergessenheit zurückgekehrt zu sein. Über einen amerikanischen Staatssekretär und den Botschafter der USA in der Türkei gelangte im Jahre 1956 ein Faksimiledruck durch Zufall in die Hände von M. J. Walters im Amt für Hydrographie der US-Marine. Er war von den geographischen Angaben begeistert und stellte die These auf, daß diese Karte Angaben aus mehreren tausend Jahren enthält. Walters' Idee stimmte der Seismologe und Mitarbeiter am Boston-College, R. P. Linehan, zu, und Arlington Mallery, Kapitän a. D., der schon seit vielen Jahren nach Indizien suchte, die eine vorkolumbianische Entdeckung Amerikas unterstreichen, folgte ihm darin. So kam es am 26. August 1956 zu einer Diskussion im Rundfunk, an der Linehan, Walters und Mallery teilnahmen. Durch diese Sendung erfuhr Charles H. Hapgood, Professor für Geschichte am Keene-State-College, von der Existenz dieses Kartenfragmentes und den damit aufgetauchten Problemen.

Hapgood, ein Kenner der Wissenschaftsgeschichte und guter Pädagoge, setzte zur Lösung schwieriger Probleme gern seine Studenten ein, nicht zuletzt, weil die Beschäftigung mit den ungelösten Fragen der Wissenschaft ihre Intelligenz und ihr Vorstellungsvermögen günstiger beeinflussen, als die gelösten Fragen der Lehrbücher. Er hatte auf dem Gebiet der Wissenschaftsgeschichte immer wieder die Erfahrung gemacht, daß die Amateure in der Entwicklung der Wissenschaft einen bedeutenderen Anteil besitzen, als man ihnen oft zugesteht. Zu Beginn ihrer wissenschaftlichen Tätigkeit, so Hapgood, waren schließlich viele große Wissenschaftler Amateure auf dem Gebiete ihres späteren Ruhmes.

Die Aufgabe der genauen Untersuchung der PIRI-REIS-Karte wurde von einigen Studenten begeistert aufgenommen, und keiner ahnte wohl damals, daß die alten Karten sie über ihre Studienzeit hinaus 7 Jahre faszinieren sollten und spannende Entdeckungen bevorstanden. Ausgangspunkt für die Untersuchungen wurden die Textvermerke der Karte und der darin enthaltene Hinweis auf ältere, heute nicht mehr vorhandene Karten. Schließlich war man sich darüber einig, daß nur eine sorgfältige, bis ins Detail gehende und mit kriminalistischem Spürsinn durchgeführte Analyse aller auf der Karte enthaltenen Angaben zum Ziel führen kann.

Die im Mittelalter gebräuchlichen Seekarten, wir nennen sie Portolane, besaßen ein Gradnetz, welches von dem heute geläufigen völlig verschieden ist. Es besteht aus Zentren, ähnlich den Kompaßrosen, aus denen Linien wie die Speichen eines Rades in regelmäßigen Abständen verlaufen und sich mit anderen kreuzen. Häufig sind es 16 oder 32 Linien, wobei die Teilung dementsprechend einmal 22°30′ und zum anderen 11°15′ beträgt. Als Ausgangspunkt für diese Art von Seekarten wird die DULCERT-Portolankarte aus dem Jahre 1339 betrachtet. Auf ihr sind Nordafrika, Europa und die westlichen Teile von Asien dargestellt.

A. E. NORDENSKIÖLD, Entdeckungsreisender und Spezialist für mittelalterliche Seekarten sowie Herausgeber eines großen, für seine Zeit bedeutenden Faksimileatlasses (Stockholm 1889) hielt schon damals die DULCERT-Portolankarte für viel zu genau, als daß sie nach Informationen mittelalterlicher Seeleute hätte gezeichnet sein können. Die von ihr kopierten Seekarten zeigen nicht die Spur von Verbesserungen und sind zu Beginn des 14. Jahrhunderts genau so gut wie Anfang des 16. Jahrhunderts. NORDENSKIÖLD postulierte deshalb die Urportolane, weil alle anderen hinsichtlich der Umrisse des Mittelmeeres und des Schwarzen Meeres ziemlich unveränderte Kopien sind und bei allen der gleiche Entfernungsmaßstab benutzt wurde.

Bedeutsam war auch seine Feststellung, daß sogar die Karten der „Ptolemäus-Tradition" schlechter waren, als beispielsweise die DULCERT-Portolankarte. NORDENSKIÖLD schlußfolgerte daraus, daß es schon vor PTOLEMÄUS eine große geographische Tradition gegeben haben muß. Damit führte die Portolan-Ursprungskarte weit in die Vergangenheit zurück. Andere Fachleute teilen diese Deutung nicht. YOUSOUF KAMAL, ein arabischer Kartograph, sieht im Portolannetz z. B. nur ein ideales Muster, das dem Kopierer beim Zeichnen helfen soll. Wir halten dies nicht für stichhaltig, denn für diesen Zweck wäre ein engmaschiges quadratisches Gitter weitaus besser geeignet. Hier ließen sich die Felder sehr schön kennzeichnen, während die Strahlen der Kompaßrosen nur ein recht unübersichtliches Bild geben.

In einer umfassenden Untersuchung studierte 1935 R. UHDEN die antiken Grundlagen der mittelalterlichen Seekarten. Diese als Portolan-, Rumben- oder Kompaßkarten bezeichneten Gebilde erregten die Aufmerksamkeit der Fachleute vor allem durch ihr auffälliges Netz von Richtungsstrahlen, eine bemerkenswerte Treue der Küstenumrisse im Vergleich zu den meisten zeitgenössischen Weltkarten, die Sorgfalt der zeichnerischen Ausführung und ihr nahezu plötzliches Auftreten im 12. Jahrhundert. Aus verschiedenen Werken (STRABO I, 13 und AGATHEMER) folgert UHDEN, daß die antiken Bezeichnungen „Periplus" und „Periodos" sowohl für geographische Beschreibungen (Segelhandbücher) als auch für Landkarten stehen können. UHDEN glaubt, daß es mit Bestimmtheit Segelhandbücher gegeben hat, die Kurse und Distanzen verzeichneten und bezieht sich auf einen Hinweis in der Naturgeschichte von PLINIUS. Daß es heute nur an zwei Stellen in der antiken Literatur Hinweise auf Beschreibungen oder Zeichnungen von Distanzen und Kursen gibt, liegt seiner Meinung nach daran, „... daß zu allen Zeiten nur geringe Beziehungen zwischen Geographie und nautischer Kartographie bestanden haben, ... und, daß eine Hilfsmittel in dem Maße der Vernichtung ausgesetzt sind, wie Handbücher und Karten zum praktischen Gebrauch auf See." (UHDEN 1935, S. 4).

Obwohl 1935, also 6 Jahre nach der Entdeckung der Karte des PIRI REIS von 1513 bereits einige Veröffentlichungen darüber vorlagen, schien UHDEN keine Kenntnis von der Existenz dieser Karte zu haben, wenn er abschließend dem Leser mitteilt: „... ihnen [den Portolankarten, Verfasser] liegt kein vom Globus abgenommenes Gradnetz zugrunde, sondern ein System von zwei oder mehreren Richtungslinien, das nur für einen sehr beschränkten Ausschnitt der Erdkugeloberfläche gültig sein kann." Die unklare Überlieferungsgeschichte der Portolane wird von UHDEN (1935, S. 5) mit den Worten erklärt: „... sie sind nicht erst seit der Zeit vorhanden, in die man ihre Entstehung der Überlieferung gemäß gesetzt hat, sondern sie erscheinen ungefähr von der Mitte des 13. Jahrhunderts ab, wo sie Erzeugnisse des Kunstgewerbes der mächtig aufblühenden italienischen Städterepubliken werden. Erst mit der weiteren Verbreitung des Druckes von Seekarten beginnt dann der bislang nicht erkannte Gegensatz zu schwinden, der vorher zwischen den verlorengegangenen Gebrauchskarten und den überlieferten Prunkkarten für über drei Jahrhunderte bestanden hat."

Vor HAPGOOD und seinen Studenten stand nun zuallererst die Aufgabe, das Netz der PIRI-REIS-Karte auf eine moderne Karte zu übertragen. In Kenntnis korrespondierender Netzsysteme auf anderen Portolankarten galt es, das Zentrum des Netzes, den Radius des Kreises und die richtige Teilung der vom Zentrum strahlenförmig verlaufenden Linien zu finden. Danach konnte das erste Quadrat des Netzes gezeichnet werden. Eine Linie, die senkrecht durch das Zentrum der Karte führt, wird damit zum ersten Meridian der neuen Konstruktion. Als besonders erschwerend erwies sich, daß das Zentrum der Karte außerhalb des vorhandenen Fragmentes lag. Schon eine flüchtige Betrachtung läßt erkennen, daß sich die vorhandenen 5 Kompaßrosen, im Atlantik gelegen, auf dem Umfang eines Kreises mit unbekanntem Mittelpunkt befinden. Er liegt vermutlich weit im Osten Afrikas. Von jeder Kompaßrose führt eine Linie in sein Zentrum, und das ermöglicht eine zeichnerische Bestimmung, aus der jedoch die geographischen Parameter nicht hervorgehen. Erst durch die exakte Lokalisierung der Lage der fünf Kompaßrosen wurde es möglich, den Vergleich mit einem modernen kartographischen Netz, und damit der Wirklichkeit, durchzuführen. 3 Jahre intensiver Arbeit waren nötig, um das genaue Zentrum der PIRI-REIS-Karte zu ermitteln. Eine erste Vermutung, daß Alexandria, ein Ort der Wissenschaften in der Alten Welt, als Kartenmittelpunkt gewählt wurde, mußte fallengelassen werden. Die größte erhaltene Kompaßrose liegt in der Nähe des nördlichen Wendekreises, und dieser führt ostwärts in die unmittelbare Nähe der Stadt Syene, nahe dem heutigen Assuan. Neben den Polen und dem Äquator sind die beiden Wendekreise markante Orte auf der Erdoberfläche, die sich mittels astronomischer Beobachtungen relativ genau und einfach bestimmen lassen. Das berechtigt zu der Annahme, daß PIRI REIS eine solche Linie für die Definition der geographischen Breite seines Zentrums verwandte. Blieb die Frage nach der Größe des Radius. Hier legte HAPGOOD als erste Arbeitshypothese die päpstlichen Demarkationslinien von 1493 und 1494 zugrunde. Eine Nachprüfung auf einem modernen Globus erwies die Ungenauigkeit. Bei erneuter Durchsicht der Textstellen auf der Karte wurde ein Hinweis gefunden. PIRI REIS schrieb: „ … diese Seite gehört vollständig den Spaniern. Sie haben die Verabredung getroffen und zweitausend Meilen westlich von Gibraltar eine Grenze gezogen …" (AKCURA 1933, S.11). Diese Linie verläuft westlich der großen Kompaßrose.

Schließlich konnte HAPGOOD nach vielen Prüfungen und erneuten Verbesserungen das Zentrum auf den nördlichen Wendekreis und eine geographische Länge von 32°30′ Ost festlegen. Der Radius führt vom Wendekreis bis zum Nordpol mit einer Länge von 66°30′. Eine horizontale Linie auf der PIRI-REIS-Karte durch den mittleren Projektionspunkt erwies sich als identisch mit dem Äquator. Mathematische Untersuchungen, ausgeführt von STRACHAN, ergaben, daß das Netz der Karte nach den Gesetzen der ebenen Geometrie gezeichnet wurde. Mit dem ersten Längen- und Breitenmeridian konnte das Quadrat des Netzes konstruiert werden. Jetzt legte man eine Reihe von Parallelen im Abstand von 5° an den Ausgangsmeridian, und eine erste Tabelle der Koordinaten geographisch identifizierbarer Orte entstand. Während ein Teil der gefundenen Werte exakt war, wichen andere beträchtlich ab. HAPGOOD ließ sich bei den weiteren Untersuchungen von Kapitän BURROUGHS (Westover Air Force Base) beraten, der ein Spezialist für die Berechnung von Kartennetzen ist. Erstes Resultat:

Die Karte von 1513 wurde durch das Zusammenfügen mehrerer einzelner Karten gezeichnet, und daraus resultierten mindestens vier verschiedene Netze mit teilweise abweichender Nordrichtung. Das beweist die Richtigkeit der Bemerkung des Kartenherstellers über die Verwendung von etwa 20 verschiedenen Karten auf dem Fragment von 1513.

Die in den geographischen Angaben entdeckten Fehler bestätigten, daß PIRI REIS für die betreffenden Gebiete keine Originalinformationen, z. B. von Reisenden, zur Verfügung hatte, diese Küsten und Landstriche nicht kannte und „nur" Teile anderer Karten zu einer neuen zusammenfügte. So „fehlen" an der Ostküste Südamerikas 900 Meilen (eine amerikanische Meile = 1,6093 km), und der Amazonas wurde sogar zweimal gezeichnet. PIRI REIS erkannte nicht, daß beide Ursprungskarten denselben Fluß zeigten! Im Verlaufe zahlreicher Untersuchungen stellte sich heraus, daß derartig grobe Fehler nie auf einer Teilkarte mit einheitlichem Projektionssystem auftraten. Sie kamen erst durch das Zusammensetzen nicht zueinander passender Kartenteile zum Vorschein.

In einer langwierigen Kleinarbeit führte die Korrektur der Fehler, die aus dem Zusammenfügen der unterschiedlichen Netze entstanden waren, zu ständig genaueren geographischen Vergleichstabellen. Der Radius des Konstruktionskreises wurde noch einmal variiert und das beste Ergebnis bei einer Länge von 69°30′ erhalten. Natürlich bezog HAPGOOD auch die Möglichkeit in die Betrachtung ein, daß die Hersteller der Ursprungskarten eine falsche Vorstellung von der Länge des Erdumfanges hatten.

Im Laufe weiterer Forschungen stellte sich heraus, daß der Äquator der PIRI-REIS-Karte auf einer Breite von 3°9′ Süd lag. Das neuerlich korrigierte Netz ergab die französische Küste in richtiger Lage. Die afrikanische Küste befand sich zu weit im Süden. HAPGOOD und seine Studenten kamen zu dem Schluß, daß die Ursprungskarten nicht nach der Portolankonstruktion, d. h. nicht unter Anwendung der ebenen Trigonometrie gezeichnet wurden. Somit bestätigte sich die lang gehegte Vermutung, und die überraschende Feststellung führt unweigerlich zu einer älteren, im Mittelalter in Vergessenheit geratenen, kartographisch-geographischen Tradition.

Das Netz der Ursprungskarten ähnelt dem, das u. a. in modernen Karten noch heute angewandt wird und nach seinem Entdecker, GERHARD MERCATOR (s. S. 68), benannt wurde. Er entwickelte die Projektion aus einer quadratischen Plattkarte und glich mit seinem Verfahren die dort auftretende Verzerrung der Breitenkreise aus.

Inzwischen waren die Arbeiten der Gruppe um HAPGOOD soweit gediehen, daß man die Ausdehnung der im Fragment enthaltenen Ursprungskarten auf Grund ihrer fehlerhaften Zusammenfügung identifizieren konnte.

Viele der auftretenden Abweichungen in der geographischen Lage konnten auf Fehler der Zusammenstellung zurückgeführt werden. In solch einem Fall sind alle Abweichungen der Teilkarte gleich und können rechnerisch eliminiert werden. Die dann noch auftretenden Differenzen sind echte, schon in den Teilkarten vorhandene oder beim Kopieren entstandene Fehler. Interessanterweise trat dieser Fehlertyp sehr selten auf, und wir sehen darin einen Hinweis auf die Exaktheit der Ursprungskarten.

HAPGOOD vertritt immer wieder die Auffassung, daß die Teilkarten mindestens schon in Alexandrinischer Zeit zur Hauptkarte zusammengefügt wurden und PIRI REIS nur die Zusammenstellung kopiert hat. Die Autoren teilen diese Meinung nicht. Schließlich ist es PIRI REIS selbst, der auf die von ihm verwendeten zahlreichen Ausgangskarten hinweist.

Im weiteren stellte sich heraus, daß die Lage der afrikanischen Küste und der atlantischen Inselgruppen (Azoren, Kapverden und Madeira) durch Längengrade bestimmt ist, die alle unsere Vermutungen über die ohne exakte Chronometer nicht durchzuführende Bestimmung der geographischen Länge zweifelhaft werden lassen. Es besteht zwar die Möglichkeit, durch Beobachtung der Winkelabstände bekannter Himmelskörper zum Mond die geographische Länge zu ermitteln, doch setzt die Auswertung das Vorhandensein genauer Berechnungstabellen voraus. Diese gab es vor 1513 nicht. So half man sich in der mittelalterlichen Seefahrt mit der „Breitensegelei", d.h. das Schiff wurde erst vom Heimathafen aus auf den Breitengrad gesteuert, auf dem sich der Zielhafen befand. Dann folgten die Seefahrer dem Breitenkreis und kamen mit ziemlicher Wahrscheinlichkeit in der Nähe ihres Zielpunktes an. Mit dieser Methode war aber z. B. ein Treffen zweier Schiffe auf hoher See nicht zu realisieren. Noch zu Beginn des 18. Jahrhunderts strandete ein englisches Geschwader infolge unzureichender Längenbestimmung!

SAMUEL E. MORISON, ein bekannter Seefahrtshistoriker, charakterisierte einmal treffend die Zustände in der Nautik des 16. Jahrhunderts, also in einem Zeitraum, an dessen Beginn die Anfertigung der PIRI-REIS-Karte stand: „Oh, wie konnte Gott in seiner Allmacht diese subtile und so wichtige Kunst der Navigation nur den einfältigen Geistern und plumpen Händen der Steuerleute anvertraut haben. Wenn man sie einander ausforschen hört: Wieviel haben Euer Ehren gefunden? Sagt einer 16, der andere knapp 20 und wieder ein anderer 31. Bald darauf fragen sie: Wie weit befinden sich Euer Ehren vom Land? So sagt einer: Ich befinde mich 40 League (1 League = 4,8 km) vom Land, der andere, ich sage 150 und wieder ein anderer sagt, heute morgen befinde ich mich 92 League entfernt. Und seien es 3 oder 300, niemand stimmt mit irgend einem anderen oder gar der Wahrheit überein." (HAPGOOD 1979, S. 34).

Nr.	Geographischer Ort	Positionen heute	1513		Abweichung
3	Kap Palmas	4° N 8° W	5° N 2° 30′ W		1° N 5° 30′ W
6	Freetown	8° 30′ N 13° W	7° 30′ W 12° W		1° S 1° E
9	Dakar	15° N 17° W	14° N 17° 30′ W		1° S 30′ W
14	Gibraltar	36° N 5° 30′ W	35° N 7° W		1° S 1° 30′ W
20	Brest	48° 30′ N 5° 30′ W	48° N 8° W		30′ S 2° 30′ W
21	Kapverden	15–17° N 22–25° W	14–19° N 23–29° W		30′ N 2° 30′ W
22	Kanarische Inseln	28–29° N 13–18° W	26–28° N 14–20° W		30′ S 1° 30′ W
23	Madeira	33° 30′ N 17° W	31° N 17° W		2° 30′ S 0
24	Azoren	37–39° N 25–31° W	36–40° N 25–32° W		0 30′ W
25a	Golf von Guacanayabo	19–20° 30′ N 77–78° W	18° N 88° W	(−4°)	1° 45′ S 6° 30′ W
30	Haïti	18–20° N 68–74° W	16–19° N 74–76° W	(−4°)	1° 30′ S 0
31	Puerto Rico	18–19° N 66–67° W	21° N 74° W	(−4°)	2° 30′ N 3° 30′ W
36	Golf von Venezuela	11–12° N 70–72° W	13° N 76° W	(−4°)	1° 30′ N 1° W
41	Yucatan	19–21° N 87–91° W	15° N 96° W	(−4°)	5° S 3° W
42	Kap Frio	23° S 42° W	23° S 38° W		0 4° E

Nr.	Geographischer Ort	Positionen heute	1513		Abweichung
74	Kap San Diego	54° 30′ S	35° S	(+16°)	3° 30′ N
		65° W	46° 30′ W	(+20°)	1° 30′ W
79	Weddellsee	60–73° S	37° S	(+25°)	4° 30′ S
		13–55° W	30–40° W		2° W
81	Regulakette	72° S	42° 30′ S	(+25°)	4° 30′ N
		3° 30′ W	12° 30′ W	(−10°)	1° W
82	Mühlig-Hofmann-Gebirge	71–73° S	41–43° S	(+25°)	5° N
		2–14° E	7–10° W	(−10°)	6° 30′ W
86	Vorposten	71° 30′ S	42° 30′ S	(+25°)	4° N
		16° E	6° E	(+10°)	0
77	Südgeorgien	54° 30′ S	36° S		18° 30′ N
		37° W	37–38° W		30′ W

Anmerkung: Die HAPGOODschen Tabellen wiesen sowohl in den Angaben der heutigen geographischen Positionen als auch in der Abweichungsberechnung Fehler auf. Diese wurden, soweit dies möglich war, korrigiert und die Abweichungswerte schematisch aus den jeweiligen Mittelwerten errechnet. Das heißt, die letzte Spalte enthält die Abweichung der Zentren der geographischen Gebiete auf der PIRI-REIS-Karte von ihrer heutigen Lage. Die Koordinaten der PIRI-REIS-Karte wurden nicht nachgeprüft, da hierzu die detaillierten Netze der einzelnen Kartenteile erforderlich sind und diese von HAPGOOD nicht veröffentlicht wurden.

Die in Klammern angegebenen Korrekturwerte resultieren aus dem Aneinandersetzen der verschiedenen Kartenteile mit separaten Netzen und wurden für die Abweichungseinschätzung berücksichtigt.

Tabelle 1
Geographische Koordinaten auf der Karte des Piri Reis 1513 und ihre Abweichungen von der tatsächlichen Lage (korrigierte Angaben nach Hapgood 1979; vgl. Abbildung 5)

Die damals noch üblichen Sanduhren, die in bestimmten Zeitabständen gedreht werden mußten, schieden für die exakte Längenbestimmung aus. Wie uns die Geschichte überliefert, konnte der englische Uhrmacher JOHN HARRISON erst im Jahr 1730 eine geeignete Uhr auf See erproben und erhielt dafür einen Preis der Britischen Admiralität.

So werden die exakten Längen auf der PIRI-REIS-Karte zum wichtigsten Hinweis auf eine einst schon anwendbare und wieder vergessene Technik der Zeitmessung. Diese Hypothese kann durch einen griechischen Fund, die sogenannte „Maschine von Antikythera" (vgl. S. 82) untermauert werden.

HAPGOOD ermittelte die durchschnittliche Abweichung in der geographischen Breite der PIRI-REIS-Karte von 1513 aus 22 identifizierbaren Orten (ausgenommen die Inselgruppe Madeira) zu 42' und die durchschnittliche Längenabweichung zu 1°48'. Die Erklärung für die noch vorhandenen Abweichungen sieht er in dem höher entwickelten Projektionssystem der Ursprungskarten. Er schreibt diese Leistungen einem unbekannten Volk von Seefahrern zu, die Geräte zur Längenbestimmung besaßen, von denen die Griechen nicht einmal zu träumen wagten. Der Fund von Antikythera beweist unserer Meinung nach jedoch das Gegenteil!

Besonders auffällig falsch scheint das Gebiet um die Karibik auf der PIRI-REIS-Karte dargestellt zu sein. Eine oberflächliche Betrachtung führte sogar LEO BAGROW (1951, Tafel 49) zur falschen Schlußfolgerung bezüglich der Lage Haïtis: „Die Karte zeigt den mittleren Atlantik. Sie beruht auf der Karte eines gefangenen Spaniers, der mit Columbus gesegelt war und ist deswegen als eine Kopie der verschollenen Columbuskarte ausgedeutet worden. Columbus wußte aber, wie sein Tagebuch beweist, genau, daß Haiti (Española), die große Insel oben links, nicht westlich von Spanien, sondern im WSW davon lag, auch nicht Nord-Süd, sondern West-Ost ausgerichtet ist ...". HAPGOOD erinnerte sich auch daran, daß die Portolankonstruktion die Verwendung mehrerer Nordrichtungen zuließ. So ergab sich bezüglich des die Karibik darstellenden Teiles folgendes:

Die obere Kompaßrose war das Zentrum einer Portolanteilprojektion. Die Nordlinie wurde ermittelt und der Hauptmeridian bestimmt. Das Konstruktionsnetz war an dieser Kompaßrose angehängt und um 78°27' westwärts gedreht. Deshalb stimmt die Lage der Insel Haïti nicht mit unseren Kenntnissen überein. Auch diese Ursprungskarte war aller Wahrscheinlichkeit nach unter Anwendung der sphärischen Trigonometrie gezeichnet und der Kopierer, ohne Kenntnis dieser Methode gezwungen, die Kugelgestalt in einer Reihe von ebenen Flächen gegeneinander verschoben und mit verschiedenen Nordrichtungen darzustellen.

Um dem Leser die Ungewöhnlichkeit der PIRI-REIS-Projektion zu verdeutlichen, wollen wir uns eine moderne Karte in ähnlicher Darstellungsweise anschauen. Während des Zweiten Weltkrieges befand sich in Kairo ein Stützpunkt der US-Air-Force, und man benötigte Karten, in der alle Entfernungen, ausgehend von Kairo, längentreu dargestellt sind. So erstrecken sich auf dieser Karte alle Kontinente rings um das Zentrum, die Pole liegen nicht am Kartenrand, und alle

Landmassen sind ungewöhnlich verzerrt dargestellt. Im Zusammenhang mit vielfältigen Diskussionen wurde diese „kairozentrierte" Erdkarte in azimutaler äquidistanter Projektion auch fälschlicherweise einmal als PIRI-REIS-Karte ausgegeben. Ihre einzige Beziehung zu dieser besteht in der Ähnlichkeit der Konstruktion, da sich Kairo und Syene (Assuan), die Zentren der beiden Karten, in relativer Nähe voneinander befinden und so einen Vergleich ermöglichen.

Doch zurück zu dem Teil der Karte, die ihr den Zusatz „verschollene Karte des Columbus" einbrachte. Es ist bekannt, daß sich COLUMBUS in Vorbereitung seiner Reise einem intensiven Kartenstudium widmete. Er durchreiste weite Gebiete Europas und war auf der Suche nach alten Karten. Die Idee einer Fahrt nach Indien westwärts war keinesfalls eine plötzliche Eingebung. Viele Autoren vermuten, daß COLUMBUS die TOSCANELLI-Karte von 1484 für seine Reise verwendete. Heute existiert von ihr kein Original mehr, und wir vermögen über die Exaktheit keine Aussage zu treffen. Trotzdem gilt als sicher, daß die Reise, die zur Entdeckung der Neuen Welt führte, keine „Fahrt ins Blaue" war.

COLUMBUS war sich der Entfernung seines Reisezieles nicht sicher und ahnte wohl schon zu Beginn der Fahrt, daß sie länger als vorgesehen dauern wird. Deshalb gab er seiner Mannschaft täglich eine kürzere Wegstrecke bekannt, als das Schiff nach seinen Messungen zurückgelegt hatte.

Nachdem wir das Problem der Karibikteilkarte kennen, gibt es für die Fehleinschätzung der Länge seiner Reise noch eine andere Erklärung. COLUMBUS könnte im Besitz der Urschrift der Karibikkarte gewesen sein, die PIRI REIS später in seine Erdkarte einbaute. Der Weg, auf welchem die Karte von COLUMBUS zu PIRI REIS gelangte, wird in der Legende beschrieben, und die „COLUMBUS-Karte" könnte demnach auch eine zeitweilig im Besitz des Entdeckers befindliche ältere Karte gewesen sein. Die Verschätzung in der Entfernung zwischen Europa und Amerika könnte aus dem Nichtverstehen der Kartenprojektion resultieren. Dann wäre es COLUMBUS ebenso ergangen, wie PIRI REIS einige Jahre später. Berücksichtigt man nämlich das von HAPGOOD entdeckte Projektionssystem der Karibikkarte und seine Drehung, so ergibt sich relativ genau die tatsächliche Entfernung von Spanien bis zur Karibik. Bleibt noch zu bemerken, daß die von COLUMBUS gegenüber der Mannschaft angegebenen Wegstrecken dem tatsächlichen Wert am nächsten liegen.

Verlassen wir den mittelamerikanischen Teil und wenden uns im folgenden der Darstellung von Südamerika zu.

Bemerkenswert genau ist die Lage des Flusses Atrato (heute in Kolumbien, nahe der Grenze zu Panama) in die Karte eingetragen. Seine Quelle befindet sich in der Westlichen Kordilliere. Die auf der Karte gezeichnete Länge beträgt 300 Meilen. Seine nach Osten verlaufende

Krümmung entspricht den geographischen Tatsachen. Die Frage, wer dies vor 1513 erkundet hat, läßt sich vorläufig noch nicht beantworten.

Weiterer Bestandteil der PIRI-REIS-Karte ist eine Projektion, die die atlantische Küste Südamerikas vom Kap Frio nordwärts bis zum Amazonas zeigt und eine Maßstabsabweichung enthält. Wie bereits erwähnt, ist der Amazonas zweimal eingetragen. An der südlicheren Darstellung fehlt die Insel Marajó, und HAPGOOD stellt die Frage, ob diese Teilkarte aus einer Zeit stammt, in der diese Insel noch zum Festland des nördlichen Ufers gehörte und der Pará die einzige Einmündung des Amazonas in den Atlantik war. Die nördlichere Darstellung zeigt die Insel Marajó in der richtigen Lage. Sie wurde im Jahr 1543 (!) entdeckt. GERHARD MERCATOR verlegte sie noch auf seiner Erdkarte von 1569 in die Mündung des Orinoco.

Eines der großen Geheimnisse der PIRI-REIS-Karte ist die rot gezeichnete große Insel inmitten des Atlantik. Wer denkt dabei nicht an das sagenhafte, im Ozean versunkene Atlantis? Folgen wir zunächst der Interpretation von HAPGOOD: PIRI REIS bezeichnete die Insel als Antilia, was aber mit der uns vorliegenden Übersetzung des Kartentextes nicht übereinstimmt. Einige besonders gut gedruckte Faksimile, so HAPGOOD, sollen an den Küsten dieser Insel eine leichte Schattierung aufweisen, was auf ein Küstenhochland hindeuten könnte. Die Buchten sind sorgfältig gezeichnet, und die Lage der Insel ist hinsichtlich des Klimas sowie als Handelsplatz einzigartig. Über die Insel verläuft der Äquator der mathematischen Projektion. Sie lag einst über dem mittelatlantischen Rücken, genau dort, wo jetzt die Felsenriffe São Pedro und São Paulo noch aus dem Ozean ragen. War die Insel, fragt HAPGOOD, die Heimat der Hersteller der von PIRI REIS kopierten Ursprungskarte? Der Leser bemerkt, wie nahe dies an das umstrittene Atlantisproblem führt, aber wir möchten an dieser Stelle nicht näher darauf eingehen.

Ein anderer Kartenteil stellt das westliche Südamerika mit den Anden dar. Diese Teilkarte ist ebenfalls nicht in die Projektion der Hauptkarte integriert. Es treten Abweichungen vom Maßstab und in der Orientierung auf. Von den Anden sind Flüsse zum Meer verlaufend eingezeichnet. HAPGOOD ist der Meinung, daß die Anden so dargestellt sind, wie sie ein Zeichner von ihrer pazifischen Seite gesehen hat. Die allgemeine Gestalt stimmt von 4–40° südlicher Breite gut mit der Wirklichkeit überein. Es findet sich sogar eine Andeutung vom Kap Huacas. Von der südlichen Ostküste Südamerikas fehlen auf der Karte 900 Meilen. Dies macht einmal mehr deutlich, daß der Konstrukteur der Erdkarte keine Kenntnis vom wahren Sachverhalt hatte. Würden die Angaben, die PIRI REIS zur Verfügung hatte, von Reisenden stammen, so wären 900 Meilen sicherlich nicht „vergessen" worden. HAPGOODS Studenten begannen nun mit vereinter Kraft die Identifizierung geographischer Orte von Norden und von Süden her und endeten beide Male am Kap Frio. Die Auslassung von 900 Meilen liegt am Punkt 16° südlicher Breite und 20° westlicher Länge. Berücksichtigt man dies, so liegen die noch verbleibenden Abweichungen an der Ostküste Südamerikas unter einem Prozent.

Die am häufigsten mit Für und Wider bedachte Zeichnung befindet sich im Süden der PIRI-REIS-Karte. Von Südamerika ausgehend fällt zunächst die Weglassung der Drakestraße ins Auge, doch dies ist auch auf anderen Karten der Renaissance zu bemerken. HAPGOODS Arbeitsgruppe verglich die Lage der antarktischen Küste auf der PIRI-REIS-Karte mit einer Zeichnung des Gebietes, die er von einer Globusfotografie gewann. Wichtigstes Ergebnis: Die Küste von Königin-Maud-Land lag auf dem gleichen Längengrad wie die Küste von Guinea. Die südlichste Küstenlinie der PIRI-REIS-Karte erstreckt sich über 27 Längengrade und befindet sich 10° zu weit westlich.

Bereits von MALLERY stammt die Behauptung, daß die von PIRI REIS vor der antarktischen Küste gezeichneten Inseln heute subglaziale Bergspitzen seien. Daraus schlußfolgerte er, daß die Ursprungskarte von PIRI REIS das Gebiet zeigte, ehe es von Eis bedeckt wurde. Zufälligerweise nahm eine schwedisch-britisch-norwegische Expedition im Jahre 1949 und danach Untersuchungen an dieser Küstenregion vor. So wurden, von der Station Maudheim ausgehend, zahlreiche Profile vermessen. Sie zeigen an dieser Stelle ein unebenes Gelände, Küstenlinien mit Gebirgen und hohen Inseln davor. Es scheint tatsächlich zu stimmen: ohne die dicke Eiskappe wären die heute als subglaziale Bergspitzen aus dem Eis herausschauenden Felsen Inseln vor der antarktischen Küste. HAROLD Z. OHLMEYER, Lt. Colonel der Westover Air Force Base, stimmt HAPGOOD in einem Gutachten mit den Worten zu: „... die geographischen Details im unteren Kartenteil stimmen auf bemerkenswerte Weise mit den Ergebnissen des seismographischen Profils überein, das die schwedisch-britisch-norwegische Expedition 1949 über der Eiskappe aufgezeichnet hat. Dies deutet darauf hin, daß die Küstenlinie in die Landkarte aufgenommen wurde, ehe das Eis sie zudeckte. Wir haben keine Ahnung, wie die Angaben der Karte mit dem für das Jahr 1513 anzunehmenden Wissensstand in Übereinstimmung gebracht werden können ...“ (HAPGOOD 1979, S. 224).

Die Betrachtung weiterer Darstellungen der Antarktis auf alten Erdkarten (vgl. S. 60, 68 und 74) wird zeigen, daß sich auch andere Kartographen jener Zeit mit mehr oder weniger Erfolg daran versucht haben.

HAPGOOD schließt seine Untersuchungen, auf die hier nur auszugsweise eingegangen werden konnte, mit Indizien ab, die auf eine uralte und hochentwickelte Zivilisation hinweisen. Er findet Unterstützung für seine Hypothese nicht nur in der Karte des PIRI REIS von 1513, sondern auch in anderen Dokumenten, Bauwerken und archäologischen Funden.

So zeigt die Erdkarte des ERATOSTHENES, etwa aus dem Jahre 300 v. u. Z., eine Verbindung zwischen Kaspischem Meer und Arktischem Ozean. Wir wissen, daß der Kartenhersteller ein erfahrener Geograph war, daß er in der Alexandrinischen Bibliothek zahlreiche Informationsquellen zur Verfügung hatte und auch praktische Vermessungsarbeiten durchführte. Es gibt daher wenig Gründe, ihn als einen großzügig arbeitenden Kartographen zu charakterisieren.

Heute befinden sich zwischen dem Kaspischen Meer, das mit einer Länge von 1224 km und einer Breite zwischen 185 und 450 km das größte Binnenmeer der Welt ist, und dem Arktischen Ozean über 2200 km Festland. Hat ERATOSTHENES hier Phantasie walten lassen? Dann müßte dies auch für den römischen Kartographen und Geographen POMPONIUS MELA zutreffen. Er veröffentlichte in seiner Kosmographie eine Karte, auf welcher das Kaspische Meer über einen breiten Strom mit dem Arktischen Ozean verbunden ist.

Das Vorkommen von Robben und Seehunden im nördlichen Teil des Kaspischen Meeres deutet auf die in den Karten gezeichnete Verbindung hin, und die geologischen Tatsachen scheinen dies ebenfalls zu bestätigen. Ein großes Tiefland, die Kaspisenke, mit einer Fläche von 200000 km^2 und einer geringen Neigung in Richtung Arktischer Ozean, weist auf die einstige Verbindung, sicher in vorgeschichtlicher Zeit, hin. Merkwürdig ist die tiefe Lage des Kaspischen Meeres. Es füllt die tiefste Stelle einer Senkung der Erdoberfläche aus, die unter dem Meeresniveau liegt. Diese ganze Senke war früher ein Meer, aus dem nur einige Inseln emporragten und das mit dem Arktischen Ozean und dem Schwarzen Meer in Verbindung stand.

HAPGOOD (1979, Abbildung 6) verweist weiter auf Details der Erdkarte des PTOLEMÄUS bzw. ihre Nachzeichnungen. Sie zeigt einen anderen Zeitabschnitt durch die dargestellte Gestalt der Erdoberfläche. Es muß eine Periode starker Regenfälle und Überflutungen gewesen sein. Ein im Gebiet der heutigen Sahara fließendes Gewässer mündete in der Nähe des alten Karthago ins Mittelmeer. Ein größerer, heute ebenfalls nicht mehr existierender Fluß mit Nebenfluß mündete in den Golf von Skyra, fast südlich der Ferse des italienischen Stiefels bei 19° östlicher Länge. Heute existieren in dieser Landschaft nur noch ausgetrocknete Flußläufe.

Indizien für eine „untergegangene Zivilisation" müßten sich jedoch auch in ganz anderen Bereichen menschlicher Vergangenheit finden und dürften sich nicht nur auf Karten beschränken. Derartiges gibt es in großer Zahl. Es sind in der Regel die gleichen ungelösten Fragen, deren sich Vertreter einer Hypothese bedienen, nach der unsere Erde einst Besuch aus dem All bekommen hat. „Es könnte sein ...", schreibt HAPGOOD (1979, S. 192), „... daß die Wissenschaft, die wir in der Dämmerung der aufgezeichneten Geschichte sehen, nicht unsere Wissenschaft in ihren Anfängen war, sondern die Überreste der Wissenschaft einer unentdeckten Zivilisation darstellt." Beispielsweise sind die wissenschaftlichen Kenntnisse verschiedener Völker der Vergangenheit undenkbar, wenn man das Fehlen jeglicher wissenschaftlicher Geräte voraussetzt. HAPGOOD vergißt dabei, daß zahlreiche „technische" Hilfsmittel, die uns heute zur Verfügung stehen, in ferner Vergangenheit durch oft sehr einfache Verfahren und Geräte ersetzt werden konnten.

In den Dokumenten der ersten ägyptischen Dynastien finden sich Längen- und Breitenangaben der Hauptpunkte des Nilverlaufes vom Äquator bis zum Mittelmeer. Spätere Texte, immer noch viel älter als die griechischen Aufzeichnungen, enthalten Hinweise zur geographischen Lage des Kongo- und Sambesigebietes, des Golfes von Guinea, der Schweizer Alpen und zahlreicher afrikanischer und europäischer Flußmündungen. Die Fehler in den Breitenangaben betragen etwa 1 Minute und die der Längenangaben etwa 5 Minuten. Die große Zahl der geographischen Daten überrascht noch mehr, wenn man von ihrer Herkunft erfährt. Zehntausende von Keilschrifttafeln aus dem Jahrtausende älteren Kulturschatz Mesopotamiens enthalten genaue astronomische Berechnungen. Zuerst hatte man angenommen, daß die gefundenen „Kalkulationstafeln" aus erdachten Zahlen bestehen, inzwischen ist die Echtheit der Beobachtungswerte anerkannt. Leider sind bis heute kaum ein Promille der gefundenen Keilschrifttexte publiziert worden.

CHARLES H. HAPGOOD sieht außerhalb der Archäologie zwei Gebiete, auf denen die Forschung nach der postulierten alten Zivilisation erfolgreich sein könnte. Eines davon ist die Untersuchung der Sprachfamilien. Die meisten Sprachen stammen von einer gemeinsamen ab, die älter als die Gruppen ist. So hat, um ein Beispiel zu nennen, die Ortsnamenforschung beeindruckende Ergebnisse hinsichtlich sehr früher Weltreisen gegeben (COHANE 1973). Daneben besitzt nach HAPGOODS Auffassung die vergleichende Mythologie Aussicht auf Erfolg bei der Suche nach einer alten Zivilisation. Unter zahlreichen Völkern der Erde herrscht ein identisches mythologisches System vor, in dem, mit geringen Abweichungen, über ähnliche Ereignisse, z. B. die Sintflut, berichtet wird. Viele Details lassen, so HAPGOODS natürlich sehr umstrittene Hypothese, die Existenz einer weltweiten voreiszeitlichen Zivilisation wahrscheinlich werden. Natürlich waren in dieser nicht nur Navigation und Kartenkunde gut entwickelt, sondern es müssen auch das Staatswesen und vor allem ökonomische Grundlagen diesen Fortschritt möglich gemacht haben. Das Ende kam aller Wahrscheinlichkeit nach recht plötzlich.

Die Idee der „alten Zivilisation" wurde inzwischen von zahlreichen Autoren aufgegriffen. Sie steht heute gewissermaßen als Ersatzthese auch denen im Hintergrund zur Verfügung, die vorerst noch die Hypothese vom Besuch außerirdischer Intelligenzen vertreten. Auf jeden

Fall hat sie letzterer gegenüber einen entscheidenden Vorteil. Sie bremst nicht den menschlichen Forschergeist in der Suche nach Lösung der Rätsel der Vergangenheit. Wenn die hypothetische Zivilisation auf unserem Planeten existiert hat und demzufolge ihre Spuren noch irgendwo zu finden sind, werden wir sie mit den uns zur Verfügung stehenden wissenschaftlichen Methoden entdecken können.

Kannte PIRI REIS den Wert alter Quellen?

Die Zeit hat es nicht gut gemeint mit den Werken des türkischen Seefahrers und Kartographen. Von seiner zweiten, im Jahre 1528 entstandenen Erdkarte ist ebenfalls nur ein Fragment in der Serail-Bibliothek gefunden worden. 68 × 69 cm mißt das Teilstück der farbig auf Pergament gezeichneten Karte. Es handelt sich dabei um $\frac{1}{8}$ der Fläche der Gesamtkarte. Das Fragment zeigt den Nordwestteil des Atlantischen Ozeans mit den neu entdeckten Küsten Nordamerikas und Mittelamerikas. Eine türkische Inschrift sagt uns, daß die Karte „Entworfen im Jahre 935 (= 1528) von dem untertänigen Diener Gottes, Piri Reis, dem Sohn des Mekkapilgers Mehmet, des Neffen des in Gott ruhenden Reis Gazi Kemal, aus der Stadt Gallipoli ..." sei (SELEN 1937, S. 519).

Im Gegensatz zur Karte von 1513 lassen sich hier nur mit großer Aufmerksamkeit die Umrisse der Kontinente und Inseln erkennen. Daß es anderen Autoren auch so geht, zeigt nicht zuletzt die Reproduktion dieser nordorientierten Karte in der genannten Arbeit von SELEN, bei welcher sich die Nordseite im Westen befindet. Wenn SADI SELEN die Karte für eine der besten mittelalterlichen Seekarten und für die älteste wissenschaftliche Originalkarte Nordamerikas hält, so scheint uns das etwas überbewertet. Dennoch ist die Karte für unsere Betrachtung bemerkenswert, stellt sie doch eine weitere, interessante Arbeit des PIRI REIS dar und gibt neue Informationen, vor allem über sein Verhältnis zu den alten Quellenkarten.

Die Karte besitzt, ebenso wie die von 1513, ein Netz, von welchem vier Kompaßrosen ganz oder teilweise noch zu sehen sind. Die Nordrichtung ist durch schwarze Pfeile in den Kompaßrosen deutlich gekennzeichnet. Diesem Netz unterlegt, erkennt man drei Breiten- und drei Längengrade. Bemerkenswert ist die Eintragung des durch Kuba verlaufenden nördlichen Wendekreises. Er befindet sich jedoch etwas zu weit südlich. Die Windrosen zeigen 32 Richtungen an, und an der West- und Nordseite wird die Karte von zwei riesigen, als Band verzierten Meilenmaßstäben begrenzt. Eine jeweils danebenbefindliche Erklärung besagt, daß die Entfernung von einem Feld zum anderen 50 und diejenige von Punkt zu Punkt 10 Meilen beträgt. Die Karte besitzt somit einen größeren Maßstab als die aus dem Jahre 1513. PIRI REIS ging auch hier von den Bedürfnissen der praktischen Seefahrt aus und hat steinige Küsten sowie unsichtbare Riffe besonders gekennzeichnet. Vergleicht man das Fragment mit modernen Karten, so stellt man eine gewisse Verzeichnung der Festlandgrenzen in Richtung Osten fest. Nach SELEN finden sich diese Abweichungen auf allen Karten Nordamerikas dieser Zeit, bis hin zum Anfang des 17. Jahrhunderts. Sie rühren von der Abweichung der Kompaßnadel her, die Anfang des 16. Jahrhunderts 10 bis 13° betragen hat.

CHARLES H. HAPGOOD und seine Studenten haben diese Karte in ihren Untersuchungen zwar erwähnt, jedoch keine detaillierte Analyse vorgenommen. Der Grund hierfür ist sicherlich in den außerordentlich schlecht zu erkennenden Küstenlinien und in dem nachfolgend erörterten Widerspruch zu sehen.

Das Fragment der Nordamerikakarte (s. Titelfoto) umfaßt ein Gebiet von 10° nördlicher Breite bis zum Polarkreis und von 25–90° westlicher Länge. Im Nordosten beginnt die Darstellung mit der Küste Grönlands und erstreckt sich südlich bis über die Azoren hinaus. Sechs Inseln der Azoren sind namentlich genannt. Von Grönland in Richtung Südwesten fallen zunächst zwei große Küsten ins Auge. Die erste nennt PIRI REIS "Bakalo" und fügt hinzu, daß sie von Portugiesen entdeckt worden sind. Es handelt sich um die Küste der Halbinsel Labrador.

Diese Entdeckungen sind der Familie CORTEREAL zu danken. JOAO VAZ CORTEREAL gelangte möglicherweise schon in den 70er Jahren des 15. Jahrhunderts an die Ufer des nordöstlichen Amerika. Der Sohn, GASPAR CORTEREAL, soll vom portugiesischen König den Befehl erhalten haben, das von seinem Vater entdeckte Land erneut zu suchen. Im Jahr 1500 fuhr er nach Norden, bis ihn die grönländische Eisdrift wieder nach Süden trieb. Grönland konnte er sicherlich am Horizont sehen, hat es aber nicht betreten. Ein Jahr später gelangte er mit seinem Bruder MIQUEL an die Küste der Halbinsel Labrador und folgte dieser südwärts bis nach Neufundland. Hierin ist die Quelle der von PIRI REIS verwendeten geographischen Angaben zu sehen. In der von ihm an dieser Küste angebrachten Legende heißt es: „Eingezeichnet, soweit bisher festgestellt werden konnte …." (SELEN 1937, S. 520). PIRI REIS weist weiter darauf hin, daß sich das Festland etwa in der skizzierten Form fortsetzen wird. Weiter in Richtung Südwesten, offensichtlich handelt es sich um die Küste Neufundlands, schreibt REIS: „Die angegebne Skizzierung stellt ein anderes Küstengebiet dar, das von einem Portugiesen entdeckt worden ist." (SELEN 1937, S. 520).

Im Südwestteil des Kartenfragmentes entdecken wir die Halbinsel Florida, nahezu in der heute bekannten Form gezeichnet, ebenso Yucatán. Besonders bemerkenswert ist die für unser Auge richtige Darstellung der Inseln Kuba und Haïti. Die Bahamas und die Antillen sind ebenfalls eingezeichnet, ihr Name aber ausradiert. An der Nordküste Venezuelas sind eine Reihe von Namen eingetragen, von denen aber nur einige lesbar sind.

Unter der Zwischenüberschrift „Wissenschaftliche Bedeutung der Karte" bemerkt SELEN (1937, S. 522): „Unsere Karte, die 15 Jahre nach der ersten Karte des Piri Reis gezeichnet ist, hält Schritt mit allen neuen Entdeckungen. Für die Einzeichnung von Mittelamerika ist die Columbus-Karte als veraltet außer Betracht gelassen worden. Kuba ist in seiner richtigen Gestalt und Mittelamerika ist annähernd richtig eingezeichnet. Von einer Mittelamerika betreffenden Bemerkung auf unserer Karte sind nur ganz wenige Worte noch lesbar – Überfahrt vom Festland … um die Entstehung des Meeres feststellen zu können … Regierungsbezirke, die … auf der anderen Seite – Diese Wörter deuten auf die Entdeckung des Pazifik hin."

Mit welcher methodischen Exaktheit PIRI REIS bei seiner Arbeit vorgegangen ist, zeigt uns dieses Stück Erdkarte sehr deutlich. Nicht nur die kartographische Technik wurde hier bereits auf einer höheren Stufe praktiziert, sondern es ist auch sehr beachtlich, daß bestimmte Fehler, die sich sonst auf mittelalterlichen Karten finden, hier nicht vorkommen. PIRI REIS gibt auf dieser Karte lediglich an, was wirklich bekannt ist. Unerforschte Gegenden läßt er weiß und erklärt ausdrücklich in Anmerkungen: „Da das übrige unbekannt ist, konnten weitere Eintragungen nicht vorgenommen werden …" (SELEN 1937, S. 571). „In dieser Hinsicht ist die zweite Karte des Piri Reis ganz im Geiste moderner Wissenschaft abgefaßt …", bemerkte SELEN abschließend.

Der durch die vorhergehenden Abschnitte informierte Leser wird sich darüber nicht wundern. Er ahnt, daß PIRI REIS mit dieser zweiten Karte den Sprung von altem, überliefertem und mehrfach geprüftem Wissen in neue, mit allen Unsicherheiten behaftete Reiseberichte gewagt hat. Und nur aus diesem Grund legt er besonderen Wert auf die zuletzt zitierte Feststellung. Warum hat er nicht auch für diese Karte alte Quellen verwandt? Hatte er keine mehr zur Verfügung? Verlor er den Glauben an die alten Geographen? Oder ließen sich die neuen, ihm bekannt gewordenen Entdeckungen nur deshalb nicht mit den alten Quellenkarten in Übereinstimmung bringen, weil diese in einem anderen Projektionssystem gezeichnet waren? Diese Fragen sind heute kaum noch zu beantworten, und wir können uns nur schwer vorstellen, welche Beweggründe PIRI REIS hatte. Nachdem unser Türke die Welt nach alten Karten zeichnete, ein Werk schuf, an dem sich zahlreiche Menschen des 20. Jahrhunderts noch jahrelang den Kopf zerbrechen mußten, scheint er innerhalb von 15 Jahren den Wert der alten Karten völlig anders einzuschätzen. Ein Widerspruch? Nein, denn viele Untersuchungsergebnisse, insbesondere auch die von HAPGOOD, lassen den Schluß zu, daß PIRI REIS den Wert der alten Vorlagen gar nicht kannte. Er zeichnete von den Ursprungskarten nur das ab, was ihm scheinbar fehlte, den Amazonas eben auch doppelt, und fügte alles, mit einer Reihe von Fehlern zwar, aber fein säuberlich, zusammen. Die Türken mögen uns die Einschätzung nachsehen. So betrachtet, liegt der Wert der PIRI-REIS-Karten von 1513 und 1528 einmal in der Erhaltung geographisch-kartographischen Wissens aus älteren Quellen und zum anderen in der Darstellung gerade stattgefundener Entdeckungen. Durch die Wiederauffindung des zweiten Fragmentes läßt sich deutlich zeigen, daß PIRI REIS in seiner ersten Erdkarte nur unbewußt altes geographisches Wissen überliefert hat.

Geheimnisse alter Erdkarten stammen von unserer Zivilisation

Mit dem Beginn der Eroberung des Weltraumes durch den Menschen wurde zwingenderweise die Frage nach anderen, von intelligenten Lebewesen bewohnten Planeten in den Vordergrund der Überlegungen gedrängt. Es ist dabei nur eine logische Schlußfolgerung, wenn wir die Möglichkeiten der interstellaren Raumfahrt, die wir erahnen, auch diesen hypothetischen Wesen zubilligen. Daraus entstand die durchaus verständliche Hypothese eines früheren „Besuches" der „Außerirdischen" auf der Erde. Wenn auch in den letzten Jahren die Auffassungen über Existenz oder Nichtexistenz bewohnter Planeten wie die Mode wechselten und dies eigentlich ohne neue wissenschaftliche Erkenntnisse geschah, dann beweist das nur, wie wenig feste Anhaltspunkte es dazu gibt.

Wir haben es alle erlebt, daß eine Reihe von Autoren ein utopisches Thema, im Gewande eines populärwissenschaftlichen Buches verkleidet, veröffentlichten. Durch die Anteilnahme der Menschen an diesen Fragen kam sehr bald, insbesondere in der westlichen Hemisphäre, ein geschäftliches Interesse von Autor und Verlag hinzu, und so wurde diese „Marktlücke" immer mehr erschlossen. Die Autoren suchten in allen Wissensgebieten nach Fakten, Rätseln und Hinweisen, die ihre „Besucherlegende" untermauern könnten. Sie fanden dabei mehr als genug, denn schließlich gibt es überall noch ungelöste Probleme. In diesem Zusammenhang stieß man, schon unmittelbar nach Beendigung der Arbeiten von CHARLES H. HAPGOOD, auf das Kartenrätsel. Während er den Weg wissenschaftlicher Detailuntersuchung ging, nahmen andere die Rätsel als gegeben hin und werteten sie als Argument für die Mithilfe Außerirdischer, ja die Karte des PIRI REIS wurde zeitweise zum wichtigsten „Indiz" beispielsweise des Schweizer Schriftstellers ERICH VON DÄNIKEN. Er publizierte hauptsächlich die Idee, daß die eigenartige Verzerrung der Kontinente auf der PIRI-REIS-Karte durch die Umzeichnung einer fotografischen Aufnahme hoch über Kairo, vom Weltraum aus aufgenommen, entstanden sei. Die

PIRI-REIS-Karte von 1513 zeigt aber Südamerika und Teile der Antarktis! Ein Blick auf den Globus genügt bereits, um die Unsachlichkeit dieser Behauptung nachzuweisen. Schaut man auf Kairo, so ist von Südamerika nichts zu sehen, es liegt außerhalb unseres Blickwinkels auf der anderen Seite der Erde. Daß die außerirdischen Raumfahrer, denen wir, wenn sie aus einem fernen Sonnensystem zu uns gelangten, ohne Zweifel eine hochentwickelte Technik zutrauen dürften, aber eine „um die Ecke fotografierende Kamera" hatten, scheint doch etwas zweifelhaft. Die Erklärung hat HAPGOOD bereits vor der Aufstellung dieser falschen Behauptung gegeben: Das eigenwillige Projektionssystem, welches PIRI REIS verwandte, ist für die „Verzerrung" zuständig.

Heute ist die Frage der Herkunft des großartigen geographischen Wissens noch nicht bis ins letzte Detail geklärt. Doch möchten wir zeigen, daß es dafür eine Reihe von sehr erdgebundenen Argumenten gibt und eine Erdvermessung durch Raumfahrer keineswegs zwingend erscheint. Man sollte es mit diesem und anderen ähnlichen Problemen generell so halten, daß zunächst die naheliegenden Ursachen erforscht werden, und das ist schließlich in unserem Falle die Geschichte der Entdeckungen, der Kartographie.

Es ist mit dem Problem der alten Karten ebenso, wie mit vielen anderen Rätseln der Vergangenheit. Begnügen wir uns mit der „Besucherlegende", so interessant und spannend sie auch sein mag, so erübrigen sich doch dadurch weitere Forschungen zur Klärung der Rätsel. Die Außerirdischen können und wissen viel mehr als wir, und diese Annahme ließe jede weitere Forschung zur Lösung der „Rätsel" sinnlos erscheinen. Daß wir uns außerdem damit um das Kennenlernen wesentlicher Abschnitte der Geschichte der menschlichen Zivilisation brächten, hat der Leser sicherlich schon anhand der Kartenproblematik bemerkt.

Im Laufe der Diskussionen um die geheimnisvolle Karte des PIRI REIS wäre nun zu erwarten gewesen, daß sich einige Fachleute mit den Untersuchungen HAPGOODS und seiner Studenten auseinandersetzen, um sozusagen die „Spreu vom Weizen" zu trennen. Die allgemeine Reaktion war aber völlig anders, und wir wollen Argumente einiger Autoren folgen lassen, die zwar ebenfalls vom Unsinn der Besucherlegende überzeugt sind, sich aber entweder nicht ausreichend mit der Materie beschäftigten, oder gar die Meinung vertreten, daß allein das wissenschaftliche Fundament ihres Fachgebietes eine nähere Betrachtungsweise zur Zeitverschwendung werden läßt. Der Unmut war dann auf Seiten der Leser zu finden, und sie reagierten in der Regel nach dem alten Motto: „Man merkt die Absicht und ist verstimmt."! Zugegebenermaßen stellt die Karte des PIRI REIS mit ihren nur teilweise gelösten Rätseln an die Bereitschaft des untersuchenden Wissenschaftlers, wie in der Regel jede neue und ungewöhnliche Theorie, größere

Anforderungen. Im Dienste der Wahrheitsfindung, der Wissenschaftlichkeit, sollte das Nachprüfen und möglicherweise Umdenken kein allzu großes Opfer sein.

So stellt M. REUTHER, ehemaliger Lehrbeauftragter für Geschichte der Kartographie an der Technischen Universität Dresden in einem für die Autoren angefertigten Gutachten (1975, unveröffentlicht) zunächst die Unvereinbarkeit des Herstellungsdatums mit den geographischen Inhalten der PIRI-REIS-Karte von 1513 fest. „Ganz auffallend ist die lagemäßig annähernd richtige überdimensionierte Zeichnung der nördlichen Anden, was auf eine Bekanntschaft mit den Reisen Pizarros in Peru (1532/33), Belacazars in Ekuador und Columbien (1534) und Almagros in Bolivien (1535–37) schließen läßt. Auch die drei großen Stromgebiete Südamerikas, das des Orinoco, des Amazonas und des Parana-Paraguay mit dem Uruguay sind deutlich eingezeichnet. Die achtmonatige Stromreise des Orellana (1541–42), der den Amazonas in seiner ganzen Länge bis zur Mündung befahren hatte, müßte dem Kartenzeichner sonach auch bekannt gewesen sein ... Aus allem müßte der Kartenhistoriker folgern, daß die Piri-Reis-Karte in der vorliegenden Form [Faksimiledruck von 1933, Verfasser] keinesfalls 1513 bzw. 1518 und 1528 gezeichnet worden ist, sondern eine Schöpfung aus der Mitte des 16. Jahrhunderts darstellt."

Diese Worte sind natürlich, nachdem alle sich mit ihr befassenden Kartographen keinen Zweifel an der Echtheit des Fragmentes hegen, gerade ein Argument für ihre besondere Bedeutung.

Auf die Projektion der Karte eingehend, schreibt REUTHER (1975) weiter: „Welches ist denn das Geheimnis der Projektion? Die Weltkarte des Piri Reis ist keine Portolankarte ... Meines Erachtens liegt der Reis'schen Weltkarte überhaupt keine Projektion zugrunde." Dabei stellt sich für die Autoren die Frage, ob es überhaupt möglich ist, eine Erdkarte ohne jegliches Projektionssystem und mit der Sorgfalt der türkischen Darstellung zu zeichnen. Abschließend bemerkt er, „... daß der amerikanische Autor zweifellos einwandfreie Quellen benutzt hat, daß das meiste aber hineininterpretiert worden ist und jeder Realität entbehrt. Das Ganze gründet sich auf phantastische Spekulationen, die abseits der Wissenschaft stehen."

Ihm folgt prinzipiell, wenn auch auf anderem Weg, E. KLEMP, der Leiter der Kartenabteilung der Deutschen Staatsbibliothek Berlin, in welcher der Faksimiledruck der Karte von 1513 aufbewahrt wird, wenn er (KLEMP 1973) den Leser mit den Worten überzeugen möchte: „Auch sind auf dieser Weltkarte weder Nordamerika noch die Antarktis dargestellt, geschweige denn deren Gebirgsketten oder Flüsse, wie Däniken behauptet. Dagegen spricht auch Piri Reis' Vermerk am unteren Ende der Karte, ‚es sollen hier riesige Schlangen gefunden worden sein' und ‚es sei sehr heiß', womit er sicherlich nicht die Antarktis gemeint hat!"

Der Verfasser dieses Artikels, der von der Echtheit der Karte überzeugt ist, kann sich bezüglich des geographischen Inhalts natürlich nicht M. REUTHER anschließen und schreibt deshalb weiter: „Kartographisch-geographisch enthält die Karte andererseits nichts, das nicht dem Stand der Entdeckungen entsprechen würde." (KLEMP, Brief vom 28. 5. 1976 an die Autoren). Einig mit REUTHER ist er nur in der Feststellung: „Hapgoods Versuch, die dargestellten Gebiete noch weiter nach Süden zu verlagern, ja sogar die Antarktis erkennen zu wollen, grenzt wohl doch an Phantasterei."

Der Leser bemerkt, daß es sich hier um ein in der Wissenschaft ab und zu anzutreffendes Problem handelt. Wer sich mit einer Sache identifiziert, verhilft ihr zum Erfolg, und den wiederum bezweifeln die „Beobachter", solange es geht. Suspekt wird die Angelegenheit allerdings, wenn sich ihr jemand annimmt, der weder vom Fach ist noch sich mit der Sache verbunden fühlt. Dies wurde den interessierten Lesern und Hörern besonders im Zusammenhang mit der Diskussion um den hypothetischen Besuch „außerirdischer Intelligenzen" auf unserem Planeten deutlich. Da das Spektrum der in diese Hypothese verwickelten Fachdisziplinen stets sehr breit ist, äußerten sich auch zum Teil sehr anerkannte Wissenschaftler zu fachfremden Problemen. Dies ist für viele unverständlich geblieben.

Die PIRI-REIS-Karte sei eine Fälschung, ja einige behaupteten, sie existiere gar nicht. Der im Süden dargestellte Kontinent könne nicht die Antarktis sein und PIRI REIS hätte keinerlei Karten aus dem Orient zur Verfügung gehabt. Was soll der Leser damit anfangen? Natürlich hat PIRI REIS in seinen Legenden (s. S. 34) von alten Karten, auch aus dem Orient berichtet. Die Annahme eines Landgegengewichtes am Südpol stammt nicht erst aus dem Mittelalter, sondern bereits aus dem Altertum und hat sich ja schließlich mit der Entdeckung der Antarktis wenigstens qualitativ bestätigt. Wie man sieht, genügt es nicht, unsachlichen, phantastischen und falschen Hypothesen mit Polemik zu begegnen.

Bedauerlicherweise haben auch sowjetische Autoren ähnliche Stellungnahmen in der Öffentlichkeit abgegeben. So vertritt M. I. BELOV vom Arktischen und Antarktischen Institut in Leningrad die Meinung, daß die Portolankarten keinerlei Projektion besäßen und daß man eine unmäßige Phantasie benötige, um anzunehmen, daß der auf der PIRI-REIS-Karte dargestellte südamerikanische Kontinent die Antarktis sei. Eine letzte Bestätigung dieser Meinung hätte ihm ein Vergleich der PIRI-REIS-Karte mit einer modernen Erdkarte im Maßstab 1:15 Mio gegeben, bei welchem zwischen beiden Karten keine Ähnlichkeit zu erkennen gewesen sei. Verständlicherweise lassen sich aber Karten mit unterschiedlichen Projektionssystemen, bei PIRI REIS gar innerhalb einer Karte, nicht einfach nur visuell vergleichen. Jeder kann das nachprüfen.

Die Autoren sind der Auffassung, daß im Vordergrund der Forschungen die ungelösten Rätsel stehen müssen und nicht eine Hypothese, die man unter allen Umständen beweisen möchte. Zur Klärung stehen eine Reihe von Theorien zur Auswahl, darunter auch die einer außerirdischen Mitwirkung. Möglicherweise wird sich irgendwann einmal auf der Erde ein Relikt der Vergangenheit finden, das sich trotz umfassender wissenschaftlicher Untersuchung nicht in die menschliche Geschichte einordnen läßt. Dann, und nur dann sollte diese Hypothese wieder herangezogen werden. Bis dahin wollen wir besser den bewährten Methoden wissenschaftlicher Forschung folgen.

Der sechste Kontinent,
250 Jahre vor seiner Entdeckung gezeichnet –
die Karte des ORONTEUS FINAEUS aus dem Jahr 1531

ORONTEUS FINAEUS, auch ORONTIUS FINAEUS DELPHINAS bzw. ORONCE FINÉ genannt, war einer der bedeutendsten französischen Kartographen des 16. Jahrhunderts. Als ein Sohn der MEDICI wurde FINAEUS 1494 in der Dauphiné geboren und studierte schon in jungen Jahren in Paris Mathematik „... in welcher er auch, ungeachtet diese Wissenschaft damals verachtet, und noch wenig Vollkommenheit gebracht war, gute Progressen machte ...“ (ZEDLER 1735, Stichwort: Finaeus).

FINAEUS besaß handwerkliche Begabung und entwickelte eine Reihe von mechanischen Beobachtungs- und Meßinstrumenten für topographische Arbeiten, die er in eigener Werkstatt anfertigte. Zunächst wirkte er als Mathematiklehrer im Collegio de Gervais, und als der König FRANZ I. in Paris ein neues Collegium einrichtete, wurde FINAEUS zum Professor berufen. Unter seinen Zuhörern befanden sich auch zahlreiche Fürsten und vornehme Abgesandte, die ihm bei der Ausarbeitung der Landkarten und anderer „moderner“ Erfindungen zusahen.

1519 zeichnete FINAEUS eine Weltkarte in Herzprojektion, die von APIAN 1530 und nochmals 1534 herausgegeben wurde. Sein erstes gedrucktes Werk war die damals beste Karte von Frankreich, erschienen im Jahre 1525 bei SIMON COLINAEUS. Trotz mehrfacher Ausgaben der in Holzschnitt auf vier Blättern gefertigten Darstellung ist heute nur noch ein einziges Exemplar vorhanden. Ihr Projektionssystem wurde von G. MERCATOR zur Verbesserung der zeichnerischen Darstellungen verwendet. 1531 erschien die Weltkarte in Doppelherzprojektion als Beilage zu GRYNAEUS' „Novus Orbis“. Auf dieser Zeichnung ist der antarktische Kontinent in einem überraschenden Bild dargestellt, welches wir später untersuchen wollen.

Eine künstlerisch sehr schön gestaltete Holzschnittkarte der ganzen Welt, ebenfalls in Herzprojektion, entstand 1534. Von den Karten, die als Beilagen zur Heiligen Schrift von FINAEUS gezeichnet wurden, ist leider nichts mehr erhalten geblieben. Der Mathematikprofessor FINAEus erkannte die Bedeutung der Projektionssysteme für die Herstellung exakter Karten, und so entstand 1551 sein Buch „Le sphere du monde", welches ein Kapitel mit der Anleitung für die Kartenherstellung unter Anwendung geeigneter Projektionssysteme enthält.

Als er im Oktober 1555 verstarb, hinterließ er einen Berg von Schulden, was besonders seine zahlreichen Kinder sehr hart traf.

Die Erdkarte von FINAEUS in Doppelherzprojektion aus dem Jahr 1531 gelangte 1959 in die Hände von CHARLES H. HAPGOOD, als dieser in der Library of Congress nach frühen Darstellungen des 6. Kontinentes auf mittelalterlichen Karten suchte. Zweifellos war HAPGOOD nicht ihr Wiederentdecker. Durch seine Untersuchungen ist diese Karte aber populär geworden und war Anlaß zu zahlreichen Hypothesen und Diskussionen, die sich an die um die PIRI-REIS-Karte geführten anschlossen.

Informieren wir uns zuerst über die Einschätzung der Arbeitsgruppe HAPGOODS!

Schon ein erster Blick auf die Karte zeigt, daß es sich um eine authentische Abbildung Antarktikas handeln muß. Die allgemeinen Umrisse ähneln überraschenderweise den heute dargestellten. Die Position des Südpoles mag ungefähr richtig gezeichnet sein, und die zahlreichen Bergketten, von denen Flüsse ins Meer zu fließen scheinen, deuten auf die Darstellung eines eisfreien Kontinentes hin. All diese Bemerkungen stehen im krassen Widerspruch zu unserer heutigen Auffassung über das Alter der Eiskappe und die Entdeckungsgeschichte der Antarktis.

Die Analyse des Projektionssystems auf der FINAEUS-Karte ergab, daß die Antarktische Halbinsel um 15° zu weit nördlich gezeichnet wurde. Die Annahme, daß der ganze Kontinent um diesen Betrag verschoben sei, bestätigte sich nicht. Die von FINAEUS gezeichneten Küsten reichen alle zu weit nach Norden. HAPGOOD schlußfolgerte daraus, daß die verwendete Ursprungskarte einen anderen Maßstab aufwies, der dem französischen Kartographen unbekannt war und unter anderem dazu führte, daß die Drakestraße nur als ganz schmale Passage gezeichnet wurde. Dieser Umstand kann auf verschiedenen Karten dieser Epoche nachgewiesen werden. In der PIRI-REIS-Karte von 1513 wurde, wie wir wissen, die Drakestraße überhaupt nicht eingezeichnet.

Das von FINAEUS auf seiner Doppelherzkarte von 1531 verwendete Projektionssystem entsprach nicht dem Netz der Ursprungskarte des Landes am Südpol. Dies erschwerte zunächst die weiteren Untersuchungen. Man arbeitete mit einer Kopie weiter, die nur den Südpol, den südlichen Polarkreis und die Küstenumrisse enthielt. Durch Messungen über den Kontinent in verschiedenen Richtungen konnte die Lage des Poles korrigiert werden. Ausgehend vom berichtigten Pol wurde ein Gitter konstruiert, das auf der abstandsgleichen Polarprojektion beruhte. Dies setzt natürlich die Annahme voraus, daß der Hersteller der FINAEUS-Ursprungskarte Gleiches getan hat. Das Projektionssystem der PIRI-REIS-Karte von 1513 zeigte, daß dies durchaus auch andere Kartographen vor 1531 taten.

Es galt nun, den Radius für einen ersten Breitenkreis, ausgehend vom Südpol, festzulegen. Dafür bot sich der 23°30′ vom Pol entfernte südliche Polarkreis an. Wie wir aus nur Jahrzehnte zurückliegenden Messungen wissen, besitzt der Kontinent Antarktika nahezu Kreisform und liegt fast vollständig im südlichen Polarkreis. Unter Verwendung der von FINAEUS gezeichneten Küstenlinien und denen einer modernen Karte konnte die Lagebestimmung erfolgen. Nach der Berechnung eines Breitengrades wurden dann Kreise im Abstand von 10° Breite um den korrigierten Südpol gezogen. Es folgten Versuche zur Bestimmung der geographischen Länge, und es schien, als ob eine Drehung um 20° nach Osten für eine exakte Lage der an Antarktika grenzenden Meeresgebiete erforderlich sei. Auf empirischem Wege wurde eine Linie ausgewählt, die den Anschein eines Hauptmeridians hatte, und die anderen Meridiane im Abstand von 5° angelegt. Damit war eine erste Bestimmung von geographischen Orten möglich geworden. Als HAPGOOD dieses auf das in der Karte von 1531 eingezeichnete Projektionssystem auflegte, zeigte sich, daß FINAEUS oder einer der vorhergehenden Kopierer den Südlichen Polarkreis mit dem 80. Breitenkreis verwechselt hatte. Durch die Verlagerung des 80. Breitenkreises auf den Südlichen Polarkreis kam es nahezu zur Vervierfachung des Umfanges des antarktischen Festlandes. Das war eine sehr wichtige Entdeckung. Folgt man den Gedanken HAPGOODS, dann hätten Geographen schon vor dem 16. Jahrhundert nicht nur eine ziemlich exakte Vorstellung von der Größe Antarktikas, sondern auch durch das dafür nötige Projektionssystem von der gesamten Ausdehnung unserer Erde gehabt.

Die folgenden Arbeitsschritte bei der Untersuchung der FINAEUS-Karte ähnelten denen, die bei der PIRI-REIS-Karte angewandt wurden. Unter Zuhilfenahme einer möglichst exakten und großmaßstäblichen Karte wurden geographische Orte identifiziert und ihre Koordinaten verglichen. Das Resultat war überraschend. Alle anfänglichen Abweichungen waren größtenteils verschwunden. Die Liste der geographischen Orte enthielt zunächst 32 Angaben. Um die noch vorhandenen Abweichungen zu reduzieren, wurden weitere Lagemodelle untersucht. HAPGOOD kam zu dem Schluß, daß auch in dieser Karte die antarktischen Küsten aus mehreren zusammengefügten Einzelkarten gezeichnet wurden, wobei sicherlich auch die schon in der PIRI-REIS-Karte festgestellten Überlappungen und Auslassungen in Rechnung gestellt werden müssen. Deshalb war es nicht möglich, alle Fehler durch einheitliches Verlagern des gesamten Kontinentes zu reduzieren. Schließlich zog man noch die Möglichkeit in Betracht, daß es sich bei dem Projektionssystem in der Ursprungskarte um gekrümmte Meridiane, wie sie auch FINAEUS anwandte, gehandelt haben könne. So entstand ein weiter verbessertes „Lesegitter", in welchem statt 32 schon 50 geographische Orte identifiziert werden konnten. Die durchschnittlichen Abweichungen waren wieder geringer.

Ein Vergleich der FINAEUS-Karte mit der, welche im Ergebnis des Internationalen Geophysikalischen Jahres vom antarktischen Festland entstand, erklärte einige der offensichtlichen Unzulänglichkeiten der alten Karte. Bemerkenswert ist das Fehlen der westlichen Küsten der Ross-See. Die felsige Oberfläche des Festlandsockels befindet sich heute unter dem Meeresspiegel und verläuft in Richtung der Weddellsee. HAPGOOD schlußfolgert aus den Angaben auf der FINAEUS-Karte, daß zumindest Westantarktika schon mit Eis bedeckt war, als die Ursprungskarte entstand. FINAEUS hatte keine Informationen über deren Gliederung in mehrere Inseln. Von der antarktischen Halbinsel ist auf der FINAEUS-Karte nur der südliche, breitere Teil dargestellt. Tatsächlich läßt sich diese Halbinsel im Festlandprofil auch nicht nachweisen. Der nördliche Zipfel ist eine vom antarktischen Festland getrennte Insel.

Beenden wir an dieser Stelle den Exkurs in die Gefilde dieser alten Karte von einer Gegend unserer Erdoberfläche, die unseres Wissens zu dieser Zeit noch kein Mensch gesehen hat. Es ist nun erforderlich geworden, daß wir uns mit dem Klima Antarktikas, dem Vereisungsgrad und der Möglichkeit der Kartierung dieses Kontinentes vor dem 16. Jahrhundert befassen. Außer acht wird die Frage der Entdeckungsreisen gelassen.

Mit der Erforschung des Klimas zurückliegender Zeiten befaßt sich die Paläoklimatologie. Sie bedient sich zahlreicher Klimazeugen, wie fossiler Pflanzen, Tiere, Sedimente, aber auch physikalischer Meßmethoden und mathematischer Modelle. Das Klima der Erde war und ist von einer Reihe größtenteils bekannter Faktoren abhängig. Den bedeutendsten Einfluß haben die primäre Strahlung der Sonne und die astronomischen Parameter der Erde (Lage der Erdbahn im Sonnensystem, Neigung der Erdachse usw.). Die Zusammensetzung und das Ausmaß der Erdatmosphäre, die topographischen Verhältnisse und die Verteilung der Land- und Wassermassen tragen wesentlich zur Gestaltung des Klimas bei. Alle diese Faktoren sind einer ständigen Wandlung unterzogen. Es darf nicht verschwiegen werden, daß die Bewertung der Klimafaktoren eine Reihe von Unsicherheiten mit sich bringt. So sind viele Fossilien nicht ausreichend exakt bestimmbar oder überhaupt falsch gedeutet worden. Bei einer Fossilisation tritt immer eine Selektion ein, nicht alles pflanzliche und tierische Material eines Zeitraumes erscheint als Fossil. Dadurch kommt es zu einem Verwischen des Gesamtbildes, das wiederum falsche Klimadeutungen zur Folge haben kann.

Nr.	Geographischer Ort	Positionen heute	1531	Abweichung
1	Kap Norvegia (Königin-Maud-Land)	71° 30′ S 12° W	66° 30′ S 6° W	5° N 6° E
3	Penckmulde (Königin-Maud-Land)	73° S 4–3° W	66° 30′ – 69° S 4° E	5° 15′ N 7° 30′ E
4	Neumeyer-Steilwand (Königin-Maud-Land)	73° S 2° W	68–69° S 30′ E	4° 30′ N 2° 30′ E
5	Mühlig-Hofmann-Gebirge und Wohltatmassiv	71–73° S 2–14° E	70–71° S 10–15° E	1° 30′ N 4° 30′ E
6	Sor Rødanne und Belgicaberge	72° S 22–33° E	72–73° S 20–30° E	30′ S 2° 30′ W
7	Prinz-Harald-Küste und Lützow-Holm-Bucht	69–70° S 35–40° E	70° S 35–37° E	30′ S 1° 30′ W
8	Königin-Fabiola-Berge (Königin-Maud-Land)	71–72° S 36° E	73° S 30–40° E	1° 30′ S 1° W
9	Amundsenbucht (Enderbyland)	67° S 50° E	70° S 48° E	3° S 2° W
10	Nyegebirge (Enderbyland)	68° S 49–50° E	72–73° S 50° E	4° 30′ S 30′ E
16	Shackleton-Schelfeis (Wilkesland)	65–67° S 95–105° E	66° S 85° E	0 15° W
18	Vincennesbucht (Wilkesland)	66–67° S 108–110° E	65° S 105° E	1° 30′ N 4° W
19	Totten-Gletscher (Wilkesland)	67° S 115–117° E	66° S 112° E	1° N 4° W
20	Porpoisebucht (Wilkesland)	67° S 127–130° E	67° S 122° E	0 6° 30′ W
27	Erebus	77° 30′ S 167° 30′ E	76° 30′ S 172° E	1° S 4° 30′ E

Anmerkung: s. Seite 45
Die Koordinaten der FINAEUS-Karte wurden nicht nachgeprüft, da
hierzu die detaillierten Netze der einzelnen Kartenteile erforderlich sind und diese von HAPGOOD nicht veröffentlicht wurden.

Tabelle 2
Geographische Koordinaten auf der Karte des Finaeus von 1531,
Teil Antarktika, und ihre Abweichungen von der tatsächlichen Lage
(korrigierte Angaben nach Hapgood 1979; vgl. Abbildung 7)

Die Klimaansprüche der Lebewesen sind zahlreichen Veränderun-
gen unterworfen, so daß allein die Existenz einer bestimmten Art kein
Klima absolut postuliert. Unterschiedliche geologische Vorgänge kön-
nen sich im gleichen Gestein dokumentieren. So bildeten zahlreiche
Rutschmassen oder Gehängeschutt moränenähnliche Erscheinungen.
Viele „Vereisungen" begründen sich auf solch falsche Moränen. Oft
spielen auch Faktoren eines ganz anderen Bereiches eine Rolle. So
schränken Korallen ihr Wachstum zwar mit niedrigerer Wassertempe-
ratur ein, doch bewirkt eine Verringerung des Salzgehaltes das gleiche
(SCHWARZBACH 1961, S. 17 ff.).
Für das uns interessierende Gebiet um den Südpol stellt sich die
Lage heute wie folgt dar.
Im Erdmittelalter herrschte auf der damals einen Teil Gondwanas
bildenden Landmasse ein gemäßigtes bis warmes Klima; die Pole waren eisfrei. Gegen Ende dieser Epoche kam es zu entscheidenden Ver-
schiebungen der Kontinente, und das Festland der heutigen Ostant-
arktis driftete zu Beginn der Erdneuzeit (etwa bis zur Mitte des Ter-
tiär) in Richtung Südpol. Jahr für Jahr bildete sich nun hier eine
winterliche Schneedecke, und durch ihr Abschmelzen im Sommer
kam es über Millionen von Jahren zu einer langsamen Abkühlung,
erst der umliegenden und dann der Weltmeere. Schließlich folgte eine
permanente Vergletscherung, die mit einem stetigen Wachsen des
Eispanzers verbunden war. Die mit Festland- und Meereis bedeckte
Fläche am Südpol vergrößerte sich wahrscheinlich von 50 auf
85 Mio km^2. Das blieb nicht ohne Wirkung auf die Albedo (Rück-
strahlvermögen einer Körperoberfläche) der Erdoberfläche, deren Er-
höhung (weiße Flächen absorbieren weniger Wärmestrahlung als
schwarze) zu einer erdweiten Abkühlung um ca. 5 °C führte. Eine Ne-
benerscheinung war das Absinken des Meeresspiegels, indem immer
mehr Wassermassen als Eis gebunden wurden (MARCINEK 1977,
S. 97 ff.).
Im Gegensatz zur Eisbedeckung des Nordpolargebietes blieb diejenige der Antarktis seit ca. 30 Mio Jahren erhalten. Zahlreiche Forschungen auf dem 6. Kontinent haben uns gezeigt, welch enorme Bedeutung das antarktische Inlandeis für die Steuerung der Wechsel von

Warm- und Kaltzeiten auf der Erde hat. Erst ein erneutes Driften des Kontinentes aus dem Gebiet des Südpols heraus könnte das gegenwärtig immer noch andauernde quartäre Eiszeitalter beenden.

Der letzte Hochstand des antarktischen Eises lag vor etwa 18 000 Jahren. Der Eisschild war zu dieser Zeit etwa 300 m höher als heute. Das letzte Wärmeoptimum lag im Südpolargebiet vor etwa 9 000 Jahren, und ihm folgte wieder eine leichte Abkühlung mit Jahrhundertschwankungen.

Der Druck, den die Eiskappe auf das Festland ausübt, führte zu einem beträchtlichen Absinken der Kontinentalscholle. Dies konnte aus dem entgegengesetzten Vorgang bewiesen werden. An den Küsten Antarktikas kann man, sofern sie eisfrei sind, alte Strandlinien beobachten, die zwischen 30 und 60 m über dem heutigen Niveau des Meeresspiegels liegen. Ein Abschmelzen der gesamten Eismasse hätte demnach das theoretisch berechenbare Aufsteigen des Festlandes zur Folge. Dennoch würde möglicherweise zwischen der Ross-See und der Weddellsee eine schmale, flache Wasserverbindung, die Ostantarktika von Westantarktika trennt, erhalten bleiben. Keinesfalls kann jedoch aus dem durch seismische Messungen bestimmten Profil der Felsoberfläche unter dem Eis ohne weiteres auf die Höhenlage der geographischen Punkte nach Eisentlastung geschlossen werden. Ein „Auftauchen" geschähe zudem noch in geologischen Zeiträumen, ebenso, wie heute beispielsweise der nordamerikanische Kontinent und die Skandinavische Halbinsel immer noch eine Aufwärtsbewegung als Folge der Entlastung durch das Abschmelzen des Eises der letzten Kaltzeit zeigen. Der Zustand nach Beendigung dieses Vorganges läßt sich nur größenordnungsmäßig abschätzen. Heute weist das Eis in Westantarktika eine abnehmende und in Ostantarktika eine zunehmende Tendenz auf.

Für Antarktika wurde eine über viele Millionen Jahre kontinuierliche glaziale Sedimentation nachgewiesen. Das schließt aber nicht aus, daß bestimmte Teilgebiete in geschichtlichen Zeiträumen auch einmal eisfrei waren. So beweist u. a. der Krustenflechtenbewuchs an Felsen des Enderbylandes, daß dieses Gebiet seit einigen Jahrtausenden eisfrei ist.

Die im südlichen Teil der Piri-Reis-Karte von 1513 dargestellte Zone der Weddellsee gilt unter den Antarktisforschern als das am schwersten zugängliche Gebiet des Kontinentes überhaupt. Vor der Küste lagert mehrjähriges Packeis, und die Sommereisgrenze ist hier am weitesten nach Norden verschoben. Deshalb gelangten die ersten Antarktisexpeditionen auch nicht über dieses Gebiet, sondern durch die Ross-See auf das Festland (Meier 1980).

Charles H. Hapgood, dessen Theorie zur Klärung der Rätsel der alten Erdkarten auf einer hypothetischen uralten Zivilisation beruht, setzt sich natürlich mit dem Problem der Beschaffenheit der Antarktis auseinander und führt als Gegenbeweis zu den von uns dargelegten Forschungsergebnissen eine Antarktisexpedition unter der Leitung von BYRD aus dem Jahr 1949 an. Bei dieser Fahrt gewann man durch Tiefbohrungen Sedimentkerne vom Grunde der Ross-See. J. HOUGH (Illinois) untersuchte 3 dieser Kerne im Carnegie-Institut nach einer Methode von W. D. URRY (HAPGOOD 1979, S. 82 ff). Sie beruht auf dem unterschiedlichen Zerfall der Elemente Uran, Thorium und Radium. Die Zerfallsprodukte werden sedimentiert und lassen sich in den Bohrkernen nachweisen. Durch eine Analyse der Anteile wird die Altersbestimmung möglich. Entsprechend der klimatischen Bedingungen variiert die Zusammensetzung des Ausgangsmaterials der Sedimente. So wird feinkörniges, durch Flüsse transportiertes Material weit von der Flußmündung entfernt abgelagert. Grobkörnige, von Gletschern transportierte Teile sinken sofort im Meer zu Boden. Jahreszeitlich fließende Flüsse, die von im Sommer schmelzenden Inlandgletschern gespeist werden, lagern ihre Sedimente ähnlich den Jahresringen der Bäume ab. Alle genannten Arten konnten in den Bohrkernen gefunden und analysiert werden. Im Ergebnis stellte man fest, daß in der letzten Million Jahre 3 Perioden eines gemäßigten Klimas im Gebiet der Ross-See existierten. Die Ufer und Gebirge müssen dabei eisfrei gewesen sein. Die Abläufe der Kalt- und Warmzeiten entsprechen, so HAPGOOD, ungefähr denen Nordamerikas. Die letzte „Warmperiode" in der Ross-See ging vor 6000 Jahren zu Ende, nachdem lange Zeit ein wärmeres Klima als heute vorherrschend war.

Auf der Karte des ORONTEUS FINAEUS sind die von den Bergketten zur Küste fließenden Flüsse eingezeichnet. Im Inneren Antarktikas und auf der Antarktischen Halbinsel kann auf der Karte eine Eisbedeckung abgelesen werden.

Eine Stellungnahme zu den Forschungsergebnissen kaum noch zu zählender Antarktisexpeditionen abzugeben, halten die Autoren für vermessen. Allerdings bleibt zu vermuten, daß sich niemand mit dem Problem der „Zeichenbarkeit" eisfreier Teile Antarktikas, ausgehend von den Darstellungen auf alten Erdkarten, befaßt hat. Die allgemeine Einschätzung eines mindestens 10 Mio Jahre alten und mehrere Kilometer mächtigen Eisschildes erscheint uns für die Deutung dieser Karten zu grob, wie die geschilderten Forschungen in der Ross-See zeigen. Einig sind sich viele Antarktisexperten in der Aussage, daß das auf der PIRI-REIS-Karte von 1513 gezeichnete Gebiet im ausgehenden Mittelalter keine anderen Eisverhältnisse aufwies, als heute.

Die Darstellung Antarktikas auf der Weltkarte von GERHARD MERCATOR aus dem Jahr 1569

Sein richtiger Familienname lautete KREMER. Wir bezeichnen ihn als den bedeutendsten Kartographen des 16. Jahrhunderts, und das durchaus mit Recht, da er als Mitbegründer einer wissenschaftlichen Kartographie angesehen wird.

GERHARD MERCATOR wurde am 5. März 1512 in Rupelmonde (Ostflandern), 15 km südwestlich von Antwerpen, geboren. Er bekam Privatunterricht und studierte anschließend Mathematik. Von 1534 bis 1537 arbeitete er als Kartograph an der Herstellung von Globen, zunächst mit RAINER GEMMA FRISIUS. In einer kleinen Werkstatt stellte er Atmosphärenkarten, Astrolabien und astronomische Ringe her. Als Geometer führte er Vermessungen und Aufnahmen von Besitzungen, so z. B. einiger Ländereien in Flandern, durch. 1537 veröffentlichte MERCATOR eine erste selbständige Arbeit – eine Karte von Palästina auf 6 Blättern.

Unter Verwendung der Karte des ORONTEUS FINAEUS aus dem Jahre 1531 zeichnete MERCATOR 1538 eine kleine einblättrige Erdkarte in Doppelherzprojektion, genannt „Orbis Imago". Für die Konstruktion des Gitternetzes teilte er die Erdkugel am Äquator in zwei Hälften und rollte jede einzelne in Herzform auf. Am Südpol „Meridies-Polus – antarcticus" steht: „Daß hier Länder sind, ist gewiß, aber ungewiß, wie viele und von welchen Grenzen eingeschlossen …" (BAGROW und SKELTON 1963, S. 189). Von ihr ist ein einziges Exemplar erhalten, welches sich im Besitz der Geographischen Gesellschaft New York befindet. 1885 wurden Fotokopien angefertigt und eine dem Duisburger Museum übergeben. Sie besitzen die Größe von 51 × 33 cm. Im Original der Karte ist das Papier in der Gegend von Madagaskar etwas zerstört, ein Riß geht durch den Südpol bis zum Kartenrand. Deshalb trifft das Gradnetz nicht mehr ganz zusammen. Vom Namen MERCATOR ist nur noch der erste Buchstabe übrig geblieben. Die zwei gleichartigen, herzförmigen Teile werden beide vom Äquator und dem 270. Längengrad begrenzt. Rechts befindet sich die südliche und links die nördliche Halbkugel. Sie berühren sich am Äquator so, daß die Verbindungslinie der Pole, der 90. Längengrad, eine Gerade ist. Die Textstellen im Herzzipfel sind eine Widmung für JOH. DROSIUS und eine Erklärung mit Berufung auf die Darstellung von Amerika, Sarmatien und Indien, die hier besser als die der Vorgänger MERCATORS ist. Gemeint ist hier u. a. auch die Karte des FINAEUS von 1531. Das Land am Südpol reicht bei beiden Karten nahe an die südamerikanische Küste heran.

Im Jahr 1540 gab MERCATOR eine vierblättrige Karte von Flandern heraus, und 1554 vollendete er die Karte von Europa (15 Blätter). 1552 siedelte er von Leuven (Löwen) nach Duisburg über, wo er bis zu seinem Tode lebte. Zweimal in der Woche gab MERCATOR an der Stadtschule Mathematikunterricht. 1564 erschien seine große Englandkarte in 8 Blättern.

Die 1569 herausgegebene Karte der ganzen damals bekannten Welt in 18 Blättern war epochemachend. Das nach MERCATOR benannte Projektionssystem bildete die Erdoberfläche mit Hilfe eines Zylindermantels ab. Möglicherweise war er jedoch gar nicht der Erfinder dieser Projektion. Abgesehen von Hinweisen auf die Anwendung dieses Systems in der Antike hatte schon 1511/13 der Nürnberger Kompaßmacher ERHARD ETZLAUB auf die Rückseite von zwei Kompassen Karten von Europa und Asien graviert. Wie die an den Rändern eingetragenen Breitengrade zeigen, wandte er hier schon die Zylinderprojektion an.

1585 erschien der erste Teil des MERCATOR-Atlasses (Gallia, Belgia, Germania), bestehend aus 51 Teilkarten. Der zweite Teil folgte 1589 mit Italia, Slavonia und Grecia auf 23 Karten. Erst vier Monate nach seinem Tode, am 2. Dezember 1594, konnten die 18 Karten des dritten Teiles, England, Nordeuropa und den Nordpol darstellend, durch seinen Sohn RUMOLDUS herausgegeben werden. Im gleichen Jahr folgte dann noch eine Zusammenfassung aller Karten in einem Atlas, welcher später durch MERCATORS Söhne und Enkel erweitert und vervollständigt wurde.

Gerade durch die Erdkarte aus dem Jahre 1569 nimmt der Name MERCATOR einen besonderen Platz in den Annalen der Kartographie ein. MERCATOR nannte sein Werk „Neue und vergrößerte Erdkarte, zum Gebrauch für Seefahrer verbessert und eingerichtet". Wie man aus einer Legende des Europateiles entnehmen kann, in welcher er die Benutzer aufforderte, durch Vermessungen und astronomische Beobachtungen seine Angaben zu prüfen und zu berichtigen, sollte diese Karte auch zum Nutzen der Kartographen sein. Sie ist 131×208 cm groß und besteht aus insgesamt 24 Platten. Der Rand ist vielfältig geschmückt, die Beschriftungen in niederländisch, lateinisch, italienisch und spanisch angegeben. Im Meer sind Kompaßrosen, ganze Flotten von Schiffen mit aufgeblähten Segeln, Fische und Seeungeheuer ge-

Nr.	Geographischer Ort	Positionen heute	1569	Abweichung
1	Kap Dart (Mt. Siple im Marie-Byrd-Land)	73° S 126° W	63° S 95° W	10° N 31° E
2	Kap Herlacher (Marie-Byrd-Land)	74° S 114° W	65° S 92° W	9° N 22° E
3	Amundsensee	72−74° S 102−123° W	69−71° S 90−100° W	3° N 17° 30′ E
4	Thurstoninsel (Eisküste Ellsworthland)	72° S 95−102° W	70° S 81−84° W	2° N 16° E
5	Fletscher-Halbinsel (Bellingshausensee)	73° S 88−90° W	72−75° S 70−80° W	30′ S 14° E
6	Alexander-I.-Land	69−72° S 68−76° W	72° 30′ S 58° W	2° S 14° E
8	Weddellsee	60−73° S 13−55° W	72−75° S 34−40° W	7° S 3° W
9	Kap Norvegia (Königin-Maud-Land)	71° 30′ S 12° W	75° S 20° W	3° 30′ S 8° W
10	Regulakette (Königin-Maud-Land)	72° S 3° 30′ W	77° S 5° W	5° S 1° 30′ W
11	Mühlig-Hofmann-Gebirge (Königin-Maud-Land)	71−73° S 2−14° E	77° S 2−7° E	5° S 3° 30′ W
14	Padda-Insel (Lützow-Holm-Bucht)	69° 30′ S 38° E	71° S 42° E	1° 30′ S 4° E
15	Prinz-Olaf-Küste (Enderbyland)	68−69° S 40−44° E	73° S 45−50° E	4° 30′ S 5° 30′ E

Anmerkung: s. Seite 45

Die Koordinaten der MERCATOR-Karte wurden nicht nachgeprüft, da hierzu die detaillierten Netze der einzelnen Kartenteile erforderlich sind und diese von HAPGOOD nicht veröffentlicht wurden.

Die Längengrade im Westen der Weddellsee können eine Abweichung bis zu 10° aufweisen, bedingt durch einen Irrtum in der Weite der Weddellsee. Die gleiche Abweichung wurde auf der PIRI-REIS-Karte von 1513 gefunden.

zeichnet, auf dem Äquator die Längengrade von 1–360° dargestellt und aller 10° beziffert. In einer Legende gab MERCATOR drei Ziele an, die er mit der Karte verfolgt habe: „Das erste sei gewesen, die Oberfläche der Kugel so auf die Ebene zu übertragen, daß die Lage aller Punkte nicht nur nach Breite und Länge, sondern auch in bezug auf ihre gegenseitige Richtung und Entfernung genau der Wirklichkeit entspreche und die Gestalt der Länder, soweit dies überhaupt möglich sei, derjenigen auf der Kugeloberfläche ähnlich bleibe. Es konnte dies nur erreicht werden durch eine neue und eigentümliche Anordnung und Einteilung der Meridiane im Verhältnis zu den Breitenparallelen ... Ich habe die Breitengrade bei beiden Polen allmählich in demselben Verhältnis vergrößert, wie die Breitenparallelen in ihrem Verhältnis zum Äquator (bei geradlinigen, parallelen Meridianen) zunehmen. Der zweite Punkt sei gewesen, im einzelnen mit sorgfältigster Prüfung der Berichte die Größe und Lage der Länder und die Entfernung der Orte genau wiederzugeben; der dritte, zu zeigen, wie weit die Erde den Alten bekannt gewesen ..." (AVERDUNK und MÜLLER-REINHARD 1914, S.67). In den letzten Worten des Zitates läßt sich ein Hinweis auf die Verwendung älterer Karten sehen. Ob MERCATOR von ihrer Qualität überzeugt war, läßt sich definitiv nicht sagen. Heute wissen wir, daß die Karte weit mehr Gebiete darstellt, als damals gerade entdeckt waren. Ein weiterer Hinweis auf exakte Karten älterer Herkunft! AVERDUNK und MÜLLER-REINHARD (1914, S. 67f) fahren dann fort: „Dabei stellt er [MERCATOR, Verfasser] drei Erdteile auf. Der erste sei derjenige, von dem aus das Menschengeschlecht sich verbreitet habe (Europa, Asien, Afrika), der zweite Nova India (Amerika), der dritte, noch nicht erforschte, liege um den Südpol. Auch später, in dem ersten Teil des Atlas fordert er diesen unbekannten südlichen Erdteil wegen des Gleichgewichts mit dem Norden gegenüber den dazwischenliegenden Ozeanen. Darauf zeigte er im einzelnen, wie weit die Bekanntschaft des ersten Erdteiles bei den Alten gereicht habe, und betont besonders, daß er rings von Wasser umgeben gewesen sei, wenn auch Ptolemäus das nicht zur Darstellung gebracht habe".

Bei der Betrachtung der MERCATOR-Karte und einiger anderer Darstellungen, z.B. ORTELIUS (1570), HONDIUS (1602) und BUACHE (1760), fällt der scheinbar viel zu groß gezeichnete antarktische Kontinent, dort meistens als unbekanntes Südland bezeichnet, ins Auge. Eine moderne Erdkarte in reiner Mercatorprojektion zeigt ebenfalls, und das überrascht zunächst, einen Riesenkontinent im Süden. Er ist nur

Tabelle 3
Geographische Koordinaten auf der Karte des Gerhard Mercator von 1569,
Teil Antarktika, und ihre Abweichungen von der tatsächlichen Lage
(korrigierte Angaben nach Hapgood 1979; vgl. Abbildung 10)

durch die Eigenart des Projektionssystems entstanden, bei welchem eben Äquator und Pole in gleich langen Meridianen dargestellt werden. Grönland mit mehr als 2 Mio km² Fläche erscheint auf dieser Karte ebenso groß wie Südamerika mit knapp 18 Mio km². Es drängt sich die Frage auf, ob nicht irgendwann in der Vergangenheit die ungefähre Ausdehnung Antarktikas bekannt war und nachfolgende Kartographen ihr Ausmaß nur deshalb so übertrieben, weil sie das angewandte Projektionssystem nicht verstanden bzw. es auf den Ursprungskarten nicht mehr zu erkennen war. Dies scheint den Autoren ein beachtenswerter Punkt für die Lösung des Rätsels der Antarktikadarstellung auf alten Erdkarten zu sein. Einen ähnlichen Fehler hatte HAPGOOD ziemlich überzeugend nachgewiesen, es war die Verwechslung des Südlichen Polarkreises mit dem 80. Breitengrad.

MERCATOR hat für seine Karte mit Sicherheit die geradlinige Meridianprojektion des MARINUS VON TYROS (er führte im 1. Jahrhundert u. Z. das Gradnetz für die Kartenherstellung ein) und die Kreisprojektion des ORONTEUS FINAEUS verwandt. Dieser glaubte ebenso wie MERCATOR an die Existenz des Südkontinentes.

Auf dem Blatt 9 der Erdkarte von MERCATOR aus dem Jahre 1569 finden wir die uns im folgenden interessierende Dartellung. Die Karte ist an einigen Stellen deutlicher gezeichnet, als dies FINAEUS tat, und es läßt sich daraus schlußfolgern, daß MERCATOR im Besitz von Karten war, die FINAEUS nicht kannte.

HAPGOOD und seine Studenten führten auch hier ihre nunmehr schon oft mit Erfolg erprobten Untersuchungen durch. Zunächst galt es, den Schlüssel zum Projektionssystem zu finden, mit welchem man diese auf das heute angewandte beziehen kann. Auf einer transparenten Pause zeichnete HAPGOOD parallele Meridiane im Abstand von 10°. Auf der MERCATOR-Erdkarte von 1538 verläuft der 60. Meridian durch Alexandria. Nach der modernen Einteilung (Greenwich als Nullmeridian) liegt Alexandria auf dem 30. Grad östlicher Länge. MERCATORS 30. Meridian wäre demnach mit unserem Nullmeridian identisch. Es ergab sich jedoch eine Abweichung von 7°, die darauf zurückzuführen ist, daß MERCATOR den exakten Erdumfang nicht kannte, sondern den besten angenäherten Wert nehmen mußte. Schließlich ergab sich, daß MERCATOR einen Nullmeridian gewählt haben muß, der zwischen der Regulakette und dem Mühlig-Hofmann-Gebirge im Königin-Maud-Land von Antarktika lag. Nachweisbare Abweichungen zeigten, daß MERCATOR nicht die Darstellung von FINAEUS aus dem Jahre 1531 übernommen hatte, sondern als Ausgangs- oder Quellenkarte eine solche in polarer Projektion mit geraden Meridianen besaß. Die Abbildung 10 zeigt, daß die wichtigsten geographischen Orte auf einem Halbkreis verteilt sind und ziemlich dicht um den Durchschnittswert von 70° südlicher Breite liegen. Das weist auf die erwähnte Ursprungskarte hin, in welcher die Parallelen der geographischen Breite Kreise waren. HAPGOOD konnte den 70. Breitengrad zeichnen und den Pol bestimmen. Nach dem Konstruieren des Netzes der Längengrade wurden die Punkte unmittelbar überprüfbar, wobei sich die Richtigkeit des Gitters bestätigte.

Damit ist bewiesen, daß MERCATOR wirklich eine Karte Antarktikas gezeichnet hatte, obwohl ihm an einigen Stellen bei der Übertragung der geographischen Orte auf sein Netzsystem Fehler unterlaufen waren. Die Abweichungen in der geographischen Länge sind kleiner, als sie auf den ersten Blick scheinen, vor allem dann, wenn man davon ausgeht, daß MERCATORS Ursprungskarte eine Darstellung in Polprojektion war und bei dieser der Abstand der Längengrade zum Pol zu immer geringer, am Pol schließlich Null wird.

GERHARD MERCATOR hatte ständig Karten gesammelt und für seine kartographischen Arbeiten ausgewertet. So sieht man auf seiner Erdkarte aus dem Jahre 1569 ein Konglomerat aus alten Karten und neuen Ergebnissen der Entdeckungsreisen. In Südamerika ist die Lage des Amazonas relativ zum Äquator genauso falsch wie auf der PIRI-REIS-Karte. Die Insel Marajó, bei PIRI REIS richtig gezeichnet, wurde von MERCATOR mit Trinidad vermischt und auf der Breite des Orinoco eingetragen. Deshalb erscheint Trinidad so unwahrscheinlich groß. Die südöstliche Küste Südamerikas ist schlecht gezeichnet, was seine Ursache sicher in ungenauen Reiseberichten hat. Die Westküste zeigt eine völlig abweichende Gestalt. Auf seiner 30 Jahre älteren Karte zeichnete MERCATOR diese jedoch richtig! Damals hatte er genügend alte Quellen zur Verfügung und ihnen vertraut, eine beachtliche Parallele zu den beiden PIRI-REIS-Karten. MERCATOR hielt ebenso wie PIRI REIS 1528 die neuen Reiseberichte für vertrauenswürdiger und zeichnete die Küste im Westen Südamerikas falsch.

Nachdem der Leser nun einige Karten Antarktikas kennengelernt hat, die als Indiz für eine schon sehr frühe Kartierung dieser Gegend gelten können, soll abschließend eine Karte untersucht werden, die nach Auffassung der Autoren, die im Gegensatz zu der HAPGOODS steht, kein Rätsel in sich birgt.

Kannte PHILIPPE BUACHE 1754 Antarktika ohne Eis?

Diese Darstellung, ausschließlich das zirkumpolare Gebiet auf der Südhalbkugel zeigend, verblüfft auf den ersten Blick. Wie konnte BUACHE in der Mitte des 18. Jahrhunderts, fast 150 Jahre bevor der erste Mensch antarktisches Festland betrat, die Kontinentalmasse des Südpolarmassivs geteilt und mit einer dazwischen befindlichen Durchfahrt zeichnen? Zudem sind die Küstenlinien, wie die Südspitzen Afrikas und Südamerikas, eisfrei dargestellt. Moderne, anläßlich des Internationalen Geophysikalischen Jahres 1958 durchgeführte Untersuchungen machten die BUACHE-Karte noch geheimnisvoller. Geologen konnten durch Echolotmessungen feststellen, daß sich Antarktika bei Eisfreiheit in einen zusammenhängenden, relativ großen Ostteil und eine Kette von Inselgruppen im Westen gliedern ließe. Unberücksichtigt bei dieser Darstellung der Festlandverhältnisse unter dem Eis blieb das schon erwähnte Auftauchen der Landmassen bei tatsächlichem Abschmelzen des Eisschildes. Möglicherweise bleibt dennoch eine „Durchfahrt" zwischen Ost- und Westantarktis erhalten. Sollte es diejenige sein, die BUACHE 1754 zeichnete? Um eine Antwort zu finden, wollen wir uns zunächst mit seinem Leben befassen.

PHILLIPPE BUACHE wurde am 7. Februar 1700 in Paris geboren. Er interessierte sich schon frühzeitig für die Zeichenkunst und studierte später bei GUILLAUME DELISLE Geographie und Kartenzeichnen. Nach der Verheiratung mit der Tochter DELISLES entstanden zwischen beiden auch familiäre Bande. Mit 29 Jahren wurde BUACHE erster Kartograph LUDWIG XV. und 1730 Mitglied der Akademie der Wissenschaften. Er zeichnete die erste Karte der kontinentalen und ozeanischen Hemisphären (1734) und die für die damalige Zeit beste Karte von Frankreich (1752), weiterhin eine Karte der neuesten russischen Entdeckungen im Norden des Stillen Ozeans (1750) sowie eine Reihe berühmter Atlanten. Sein neues System der physikalischen und natürlichen Geographie stellte einen bedeutenden Schritt in der Verbesserung der Kenntnisse vom Aussehen der Erdoberfläche dar. Obwohl seine scharfsinnigen Überlegungen durch spätere Beobachtungen nur teilweise bestätigt wurden, ist die ihnen zugrundeliegende Idee ein Fortschritt. BUACHE wollte Bergketten und Flüsse auf der Erdoberfläche als Naturgrenzen ausweisen und schlug dementsprechende neue Einteilungen vor. Ebenso ordnete er die Meere nach den sich auf dem Meeresgrund fortsetzenden Gebirgszügen, die sich über Wasser durch Inseln und Klippen andeuteten. Später verglich BUACHE auch die Länder anhand der Tier- und Pflanzenwelt sowie der Mineralien. Der begabte Kartograph konnte sogar allein in Auswertung der Berichte der russischen Entdeckungen im Bereich der Beringstraße und in Anwendung seines geographischen Einteilungssystemes die Existenz der Aleuten und Alaskas im Jahre 1732 voraussagen.

BUACHE hinterließ, als er mit 73 Jahren starb, ein reiches kartographisches Werk.

Seine „Carte des Terres Australes" entstand in der ersten, in der Sächsischen Landesbibliothek Dresden befindlichen Ausgabe unter Verwendung der Berichte der französischen Antarktisexpedition unter Leitung von LOZIER BOUVET im Jahre 1739 und enthält keinerlei Antarktika darstellende Küstenlinien. LOZIER BOUVET war im Auftrag der Indischen Kompanie am 19. Juli 1738 mit den Fregatten „Adler" und „Marie" von einem Hafen in Uruguay abgefahren. Am 1. Januar 1739 erblickten die kühnen Seefahrer eine Küste, die sie als Kap identifizierten. Sie gaben ihr den Namen „Cape de la Circoncision" anläßlich des Festes der Beschneidung des Herrn, dem Tag der Entdeckung. Zwölf Tage, so berichtet die Legende auf der Karte weiter, kreuzten die Schiffe vor der Küste, konnten aber durch zahlreiche Eisberge, Nebel und widrige Winde nicht anlegen. Vom 12. bis 25. Januar überquerten die Seefahrer den 51. Breitenkreis und beobachteten Walfische und Seehunde. Auf einer südlichen Breite von 44°30′ und einer Länge von 6°, so die Karte, trennten sich die beiden Schiffe. BOUVET nahm die Route zum Kap der Guten Hoffnung und HAY, Kapitän der „Adler", fuhr zur Insel France (heute Mauritius). Mit äußerster Anstrengung, so schließt der Bericht auf der linken Kartenhälfte, gelangten die Schiffe und die Mannschaft am 24. Juni 1739 wohlbehalten in Frankreich an. Der Reisebericht wurde am 5. September 1739 zusammen mit der Karte von BUACHE veröffentlicht.

PHILIPPE BUACHE hatte diese Karte im Jahre 1754 um die mutmaßlichen Küsten des Südkontinentes ergänzt und neu herausgegeben. Während sich das antarktische Festland nur an einigen Stellen minimal über den Südlichen Polarkreis erstreckt, zeichnete es BUACHE 1754 bis über den 50. Breitenkreis hinaus. Dabei wurden eine Reihe von Inseln als antarktische Küsten angesehen und mit einbezogen. So wissen wir heute, daß BOUVET kein Kap, sondern eine Inselgruppe entdeckt hatte, die jetzt seinen Namen trägt. BUACHE hatte die Vorstellung von BOUVET übernommen, daß die Ausdehnung des antarktischen Festlandes im wesentlichen durch die vor der Küste schwimmenden Eisberge festgestellt werden kann. Nur damit ist die Darstellung eines so riesigen Kontinentes auf seiner Karte zu erklären. Die geheimnisvolle „Durchfahrt" erweist sich beim Studium des Kartentextes als ein angenommener Zu- bzw. Abfluß vom am Pol vermuteten Eismeer. Aus diesem Kanal schwimmen die Eisberge ins offene Meer hinaus – so steht es an beiden von BUACHE gezeichneten Mündungen. Wer heute in dieser Zeichnung eine Andeutung von exaktem Wissen über den Aufbau des antarktischen Festlandes sehen will, hat sich vermutlich die Mühe einer Übersetzung der Legenden auf der Karte, vor allem aber der Bewertung der Begrenzungskoordinaten des BUACHE-schen „Antarktikas", nicht gemacht. Die Lage jener „Durchfahrt" stimmt außerdem nicht mit der tatsächlichen Trennung zwischen Ost- und Westantarktika überein. Der Südpol befindet sich im Westen Ostantarktikas. Westantarktika besteht aus zwei größeren und einer Anzahl kleinerer Inseln, die kaum 10% der Landmasse Ostantarktikas ausmachen. Bei BUACHE besitzt Westantarktika etwa 25% der Gesamtfläche. Wenn es an der Trennung zwischen Ost- und Westantarktika eine Wasserverbindung gibt, dann verläuft sie von der Ross-See zur Weddellsee, also von etwa 40–170° westlicher Länge.

Die Ausgabe der Karte von 1739 beschreibt nur die zu dieser Zeit bekannten und die von der BOUVET-Expedition entdeckten Küsten und enthält keine „geheimnisvollen" Angaben. Wie auf der Ausgabe von 1754 ist die Entdeckung des „Cape de la Circoncision" in der rechten unteren Kartenecke besonders hervorgehoben. Vermutlich wurde zur Kartenherstellung sogar die gleiche Druckvorlage verwendet. Auf der Karte von 1754 wurde unter dem Kartentitel, an einer freien Stelle der Karte von 1739, noch der Vermerk angebracht „Vermehrt um verschiedene physische Ansichten usw. 1754". Daraus läßt sich ein zusätzlicher Hinweis dafür ableiten, daß die Karte in der zweiten Ausgabe nicht mehr das direkte Resultat der Expedition von LOZIER BOUVET ist, sondern durch BUACHE ergänzt und mit eigenen Vorstellungen über einen möglichen Verlauf der antarktischen Küste versehen wurde. Die Abbildung 11 zeigt die erste Ausgabe der Karte von 1739, und in diese wurden die antarktischen Küsten aus einer modernen Karte und diejenigen, die BUACHE 1754 zeichnete, eingetragen. So kann sich der Leser anhand des Bildes selbst von der Unhaltbarkeit der Behauptung einer durch BUACHE gezeichneten eisfreien Antarktis überzeugen.

PHILIPPE BUACHES „Antarktisküsten" erscheinen noch einmal auf der im Jahre 1760 gedruckten Hemisphärenkarte. Natürlich flossen dort seine Vorstellungen von einer möglichen Fortsetzung der bekannten Meere und Gebirge ein, doch waren es eben nur Vorstellungen, in diesem Teil der Welt bar jeder naturwissenschaftlichen Grundlage.

Interessanterweise werden die BOUVET-Reise und die BUACHE-Karte in der Literatur nicht besonders gewürdigt. Man mißtraut den Angaben betreffs der durch BOUVET erreichten hohen südlichen Breite, wobei aber kein Zweifel an der Sichtung der heute nach ihm benannten Insel besteht.

CHARLES H. HAPGOOD hat sich, möglicherweise in Kenntnis der genannten Umstände, nur sehr knapp zu dieser Karte geäußert und nur festgestellt, daß sie die Antarktis ohne Eis zeigt. Selbst dieser Feststellung können wir uns nicht anschließen.

Die BUACHE-Karte von 1754 ist im Zusammenhang mit einer Untersuchung der Geschichte der Kartographie des Südpolargebietes sicher ein interessantes Objekt, ein Beweis oder Hinweis auf uralte kartographische Tradition, auf eine Darstellung des Kontinents bei völliger Eisfreiheit, ist sie gewiß nicht.

Frühe Entdeckungen als Quellen
heute „rätselhaften" Wissens

Hilfsmittel zur Orientierung auf See

Keine Wissenschaft kann heute allein, ohne Beziehungen zu anderen Disziplinen, existieren. Gleiches gilt für die Teilgebiete der Geschichte, in unserem Fall für die Geschichte der Erdkarten. Sie hat als Teilgebiet der Geschichte der Kartographie unter anderem wesentliche Verbindungen zur Geschichte der geographischen Entdeckungen und der Geschichte der Nautik. Letztere wollen wir, gewissermaßen als Beispiel, etwas näher betrachten.

Wenn wir davon ausgehen, daß die alten Erdkarten nicht Kopien von Karten einer verschwundenen Zivilisation sind, dann müßten sich auch in der Entwicklung der Nautik Hinweise auf Verfahren und Geräte zur Bestimmung des geographischen Ortes bereits in der Frühzeit der Menschheit finden lassen.

Wir wissen, daß viele falsche kartographische Abbilder der Erdoberfläche auf das Fehlen geeigneter Meßmethoden zurückzuführen sind. Die parallel dazu existierenden besseren Karten zeigen aber, daß man hier und da einen anderen Stand der Technik kannte, bzw. die Möglichkeiten, die die Natur bietet, besser zu nutzen verstand.

Historiker der Nautik unterscheiden ein Zeitalter ohne Kompaß und Karte, in dem sich die Seeleute nach Zeichen am Himmel und am Meeresboden (durch Lotungen, verbunden mit der Entnahme von Bodenproben) orientierten, und eine nachfolgende Periode, in der Kompaß und Karte verwendet wurden und Kurse und Distanzen genauer bestimmt werden konnten. Den Beginn dieses instrumentellen Zeitalters hat man auf die Zeit des Portugiesen HEINRICH DES SEEFAHRERS (um 1416) gelegt. Diese Einteilung gilt sicher nur für einen groben Überblick, denn die Seefahrer haben immer alle zur Verfügung stehenden Mittel genutzt.

Nach Auffassung der Autoren hat es eine „techniklose" Zeit auch in der Navigation nie gegeben. Techniken und Verfahren haben Menschen besessen und genutzt, solange sie existieren. Nur erscheinen uns heute nautische Methoden, vor Jahrtausenden angewandt, recht unbrauchbar. Das liegt jedoch nur daran, daß wir sie heute nicht mehr nötig haben, und letztlich ist die Einschätzung „gut" oder „schlecht" immer relativ. In ihrer Zeit waren sie zweifellos gut!

So ist beispielsweise bekannt, daß der „Seekompaß" der alten Inder die Taube war und die Wikinger für den gleichen Zweck Raben verwendeten. Kehrten die freigelassenen Vögel nicht zurück, so war die Sicherheit groß, daß in Richtung ihres Davonfliegens Land lag. Durch jahrzehntelange und von Generation zu Generation weitergegebene Erfahrung waren die Seeleute sehr eng mit dem Meer verbunden. So zeigt eine bestimmte Wellenart, genannt Dünung, dem Kundigen an, daß mit Sicherheit kein Land in der Richtung liegt, aus der die Dünung kommt. Die Beobachtung von Meerestieren, z. B. Walen, ließ auf eine bestimmte geographische Breite schließen. Die Farbe des Wassers und Lichtphänomene dienten ebenfalls zur Orientierung auf See. So wird in Polynesien eine Spiegelung, die über Lagunen auftritt, als „Licht des Landes" bezeichnet. Man hat sehr viel über die Nautik der Bewohner der polynesischen Inseln gerätselt. Es gehört ja schon einiges seemännisches Können dazu, diese „Nadeln im Heuhaufen" zu finden. Doch sind gerade in dieser Gegend des Pazifik die Bedingungen für eine naturverbundene Nautik besonders günstig. Klare Nächte und ein beständiger Wind herrschen vor. Das Bild der Sterne am Himmel zwischen den Wendekreisen ist annähernd gleichförmig, und es gibt in der Nacht zahlreiche, tief am Himmel stehende Leitsterne. Teilweise wurde einfach der Bug des Schiffes nach einem solchen ausgerichtet und in zweifacher Bedeutung „nach den Sternen gefahren". Eingeborene aus dieser Gegend können die stellare Konstellation für die verschiedenen Jahreszeiten aus dem Gedächtnis aufsagen. Besondere Bedeutung spielte natürlich der Polarstern, und so berichtete uns der Chinese HUAI NAN TSU aus dem Jahre 120 v. u. Z., daß Schiffe auf See, welche in Verwirrung geraten und Ost und West nicht unterscheiden können, sich orientierten, sobald sie den Polarstern sahen.

Das vielleicht einfachste Gerät zur astronomischen Orientierung wird als Gnomon bezeichnet und geht auf ANAXIMANDER (610–546 v. u. Z.) zurück. Es besteht aus einem einfachen Stock, der senkrecht in die Erde gesteckt wird. Die Länge seines Schattens gilt bis zu einer bestimmten Tageszeit für eine bestimmte geographische Breite. Für die Funktionsfähigkeit ist natürlich Sonnenschein Voraussetzung, und für den Gebrauch auf dem Schiff ist der Gnomon recht schlecht geeignet, da die Planken kaum eine ruhige, horizontale Lage auf See einnehmen.

Das erste auf See verwendbare Instrument war sicher der Quadrant mit Bleipendel. Dieses und die nachfolgend erwähnten Geräte hatten die Aufgabe, die Höhe eines Gestirns, also den Winkel über dem Horizont zu ermitteln. Man visierte über einen beweglichen Schenkel die Sonne oder einen Stern an und konnte am ausgeloteten Quadranten den Winkel ablesen. Daraus entstand als nächste Entwicklung das Astrolabium, ein vierkantiger Ring mit einem Haltekreuz für die Alhidade, die Visiereinrichtung. Das Astrolabium gilt als ältestes Instrument für die astronomische Navigation und wurde spätestens im 13. Jahrhundert auch in Europa verwandt. Im Jahre 1462, so die Überlieferung, nahm DIOGO GOMES eine Breitengradbestimmung mit Hilfe eines Quadranten vor. Die Tabellen zur Umrechnung, wie z. B. der „Ewige Almanach" ABRAHAM ZACUTOS (Spanien), der am portugiesischen Hof als Astronom tätig war, wurden bis zum Jahr 1537 verwendet.

Weitaus schwieriger als die Orientierung nach einem vorgegebenen Kurs war die Distanzbestimmung. Um die tatsächlich zurückgelegte geographische Entfernung zu ermitteln, genügt es nicht, die Schiffsgeschwindigkeit ständig zu messen. Abgesehen davon, daß dies mit der Messung der Geschwindigkeit eines am Schiff vorbeischwimmenden Holzstückes nicht genau genug möglich war, wirken sich hier die Meeresströmungen als viel wesentlichere Fehlerquelle aus. Man hat deshalb sinnreiche mechanische Hilfsmittel konstruiert, mit denen beispielsweise alle Windrichtungsmessungen des Tages ermittelt und gemeinsam mit einem Mittelwert der Schiffsgeschwindigkeit in einen durchschnittlichen Tageswert umgerechnet werden konnten.

Insbesondere bei der Suche nach einem Ankerplatz wurde das schon von dem griechischen Historiker HERODOT erwähnte Lot verwendet. Sicher ist der Gebrauch einer mit einem Metallteil beschwerten Leine eine viel ältere Erfindung. In definierten Abständen wurden Leder- oder Stoffstreifen in die Leine geknüpft, und damit konnte die Wassertiefe durch Zählen der „Faden" ermittelt werden. Eine Vervollkommnung war das Bleilot, in welchem am unteren Ende eine kleine Höhlung angebracht war, die mit Lotspeise, meist Wachs, gefüllt war. Setzte das Lot auf dem Meeresboden auf, so blieb ein Teil der Bodensubstanz in der Lotspeise hängen und konnte zur Beurteilung der Beschaffenheit des Bodens genutzt werden.

Zum unentbehrlichen Hilfsmittel für die Orientierung auf See wurde der Kompaß. Ob die Chinesen ihn schon vor Beginn unserer Zeitrechnung anwandten, ist nicht mehr nachweisbar. Die ersten als Kompasse zu bezeichnenden Geräte besaßen einen äußerst primitiven Aufbau. Das Stück Eisen, welches als Magnetnadel diente, mußte von Zeit zu Zeit mit einem Magnetstein wieder magnetisiert werden. Möglicherweise bestand der erste Kompaß nur aus einer kleinen Wasserschüssel, in der die Magnetnadel, auf einem Stück Holz befestigt, schwamm. Gedruckte Aufzeichnungen über Kompaßpeilungen sind aus dem 13. Jahrhundert erhalten, doch wird sich der Kompaß schon sehr viel früher von China über die Araber bis nach Europa ausgebreitet haben. Bauingenieure des frühen Mittelalters benutzten den Kompaß zur Ausrichtung der Kirchen. Das beweist ihre Peilung nach der Kompaßmißweisung und nicht nach dem jeweiligen Azimut der Sonne. Um 1190 erwähnte der englische Seefahrer ALEXANDER NECAM den Kompaß, im Jahre 1205 beschrieb der satirische Poet GUYOT aus der Provence einen Wasserkompaß. Von da an mehren sich die Meldungen über Kompaßherstellung und -anwendung. THOMAS VON CANTIPRE gibt eine Vorschrift zur Magnetisierung der Nadeln heraus (1256), und PIERRE DE MARICOUR (PEREGRINUS) beschreibt erstmalig eine in einer Glasdose eingeschlossene Kompaßnadel. Durch MARCO POLOS Reisen (1295) kommen direkte Informationen über den Kompaß aus China, und 1490 war die örtliche Verschiedenheit der magnetischen Deklination bekannt.

Parallel zum Kompaß wurden auf See immer noch das Astrolabium und, daraus entstanden, der Jakobsstab verwendet. Letzterer bestand aus einer mit Skala versehenen Holzleiste und einem darauf verschiebbaren Querholz. Durch gleichzeitiges Anvisieren der Sonne und der Horizonthöhe kann der Winkel der Sonne zum Horizont bestimmt werden. Problematisch war dabei das direkte Anpeilen der Sonne am Tage und die Beobachtung des kaum sichtbaren Horizontes in der Nacht beim Ausmessen der Sternhöhen.

Das große seefahrende Volk der Wikinger (etwa 800–1100 u. Z.) hat sich ebenfalls mit relativ einfachen Hilfsmitteln, aber sehr guter Naturkenntnis auf See orientiert. Einzelne Personen müssen im Besitz außergewöhnlicher Kenntnisse der Sonnendeklination gewesen sein, und der Polarstern (altnordisch leidarstjarna = Leitstern) ersetzte des Nachts die Sonne. Der Leitstein (leidarsteinn) wird im altnordischen Schrifttum ausdrücklich als Navigationsinstrument benannt. Es war ein aus Magnetstein gefertigter Kompaß. Ein Sonnenschattenbrett, ähnlich dem Gnomon und der Sonnenstein vervollständigten die Ausrüstung. Letzterer war die geniale Verwendung einer Kalksteinvarietät, die bei bedecktem Himmel das einfallende Licht polarisierte und so eine Bestimmung des Sonnenstandes ermöglichte.

Eine ganz besondere Bedeutung bei der Orientierung auf hoher See kommt der Bestimmung der geographischen Länge zu, dies mußte nicht zuletzt auch COLUMBUS feststellen. In den Jahren 1494 und 1504 machte er Versuche, um die Längengrade durch eine Mondfinsternis zu ermitteln. Die Meßwerte wurden mit Hilfe des „Ewigen Almanachs" umgerechnet, doch wiesen die Ergebnisse große Ungenauigkeiten auf.

Erst 1731 gelang die Erfindung des Spiegelsextanten zur Bestimmung der geographischen Breite, und aus dem gleichen Zeitraum stammt das erste auf See verwendbare Chronometer zur Bestimmung der Länge.

Die von uns erwähnten Karten, welche teilweise lange vor dem 18. Jahrhundert entstanden, beweisen, daß die Menschen bereits Mittel und Wege kannten, um zu relativ exakten Koordinaten geographischer Orte zu gelangen. Leider ist uns bis heute nur ein Gegenstand bekannt, der als Beweis für mindestens in der Antike bereits vorhandene wissenschaftliche Meßinstrumente gelten kann. Wir meinen die Maschine von Antikythera. Im Jahre 1900 entdeckten griechische Schwammtaucher während eines durch Sturm bedingten Zwangsaufenthaltes in einer Bucht der Insel Antikythera das Wrack eines versunkenen Schiffes. Unter großen Mühen konnten die Reste der Ladung und des Schiffes Jahre später geborgen werden. Die verschiedensten Datierungen ergaben das Jahr 80 v. u. Z. als Datum des Unterganges. Unter Statuen und Skulpturen, aus denen die Hauptladung des Schiffes bestand, entdeckten die Forscher unscheinbare verkrustete Bronzeteile. In mehrere Jahrzehnte dauernden Rekonstruktionsarbeiten konnte das Geheimnis gelüftet werden. Es handelt sich bei dem Fund um ein ausgeklügeltes Zahnradsystem mit insgesamt 9 Skalen. Durch das Drehen einer Achse wurde das Beobachtungsdatum auf der Hauptskala eingestellt, und auf den anderen ließen sich die Auf- und Untergangszeiten von Sonne und Mond, der Standort der damals bekannten Planeten und Fixsterne auf einen Blick ablesen. Vielleicht ist es übertrieben, das Gerät einen astronomischen Analogrechner zu nennen, eine zu einer Maschine umgewandelte astronomische Tabelle ist es mit Sicherheit. Griechische Inschriftenreste, gefunden als Abdruck in der Korrosionskruste, bestätigen die Herkunft. Experten schätzten ein, daß erst das europäische Uhrmacherhandwerk des 17. Jahrhunderts Vergleichbares fabrizieren konnte. So haben wir in der Maschine von Antikythera einen wertvollen Hinweis auf die Kunst antiker Feinmechaniker vor uns. Eine Kunst, die uns durchaus zur Annahme berechtigt, daß ähnliche Konstruktionen auch für die so wichtigen Aufgaben der Navigation entstanden.

Zum Problem der Navigation möchten wir abschließend bemerken, daß es auch schon vor Jahrtausenden Routen über die hohe See gegeben hat, auf denen die Navigation eine untergeordnete Rolle spielte. Noch heute fahren indische Dhaus, Segelboote mit einigen hundert Tonnen Wasserverdrängung, unter Lateinsegeln von Vorderasien an die ostafrikanische Küste und zurück, allein unter Ausnutzung der Monsunrichtung. Noch heute, im 20. Jahrhundert, gelangen diese Fahrzeuge in der Regel, ohne einen Kompaß oder ein anderes Hilfsmittel an Bord zu haben, glücklich ans Ziel. Gibt es ein besseres Beispiel für die Nutzung all der Möglichkeiten, die uns die Natur freiwillig bietet?

Geographische Entdeckungen sind so alt wie die Menschheit

Ganz zu Beginn eine rege Neugier, später ökonomische, aber auch militärische Gründe führten den Menschen schon immer von seiner engeren Heimat weg. Wir wissen von den Tieren, daß sie ihr Revier ständig durchkreuzen und beispielsweise mit Duftmarken als „geographische" Grenzen abstecken. Sicher wandelten sich diese „Entdeckungsreisen" schon im Tier-Mensch-Übergangsfeld, und mit dem Gebrauch der Werkzeuge und dem Anwachsen der sprachlichen Verständigung dehnte sich das bekannte Gebiet immer weiter aus. Da ausreichendes Wasser Voraussetzung für menschliches Leben darstellt, lagen die ersten Siedlungen an Flüssen und Binnenseen. Hier haben die Menschen das Befahren des Wassers, sei es anfangs als Ritt auf einem abgebrochenen Baumstamm oder wie auch immer, gelernt und kamen durch dessen Strömung an das Meer. Sie lernten das andere, das salzige Wasser kennen, welches sich nicht mehr zum Trinken eignete und sannen über größere, bessere und leistungsfähigere Fahrzeuge zum Überqueren des Meeres nach. Nun sollte man nicht in den Irrtum verfallen, daß sich die Menschen erst nach dem Vorhandensein aller für die Sicherheit erforderlichen Einrichtungen auf die See gewagt hätten! Nein, erst katastrophale Zwischenfälle, bei Seefahrten oft der Tod der gesamten Besatzung, ließen Maßnahmen zum Schutz der Menschen erforderlich werden.

Die Entwicklungsgeschichte der ersten Transportmittel auf dem Wasser mag von dem genannten Baumstamm über das Floß und Binsenboot bis hin zum ersten seetüchtigen Schiff in den verschiedensten Gegenden der Erde zu unterschiedlichen Zeiten und Intervallen abgelaufen sein. Oft versuchen wir, uns vorzustellen, wie es auf diesen Schiffen zu Beginn der Seefahrt wohl ausgesehen haben mag, wie die ärztliche Betreuung und vor allem die Verpflegung der Mannschaft war. Bei der jahrtausendealten Geschichte der Seefahrt scheint es den Autoren jedenfalls unglaublich, daß beispielsweise die Zustände in der Königlichen Englischen Marine noch zu Zeiten eines JAMES COOK, also in der Mitte des 18. Jahrhunderts, „vorbildlich" gewesen sein sollen: „Das Essen verdiente seinen Namen nicht. Die einzige bei der Auswahl der Köche gestellte Forderung war, daß sie zu keiner anderen Arbeit mehr fähig waren und ihnen mindestens eine ihrer Extremitäten fehlte. Solche Leute verarbeiteten dann Pökelfleisch von minderwertigem Vieh, uralten Käse und eine Butter genannte, ranzige Masse zu Rationen, von denen die Würmer mehr profitierten, als die Menschen. Die klassische Seekost, hochtrabend als Biskuit bezeichnetes Hartbrot, wimmelte von Schaben und Käfern, und die ganze, als Verpflegung getarnte Insektenfarm ernährte mit ihrer Einförmigkeit und Vitaminarmut kaum ihre winzigen Bewohner." (LANGE 1980, S. 17).

Beständig allein wird auch auf diesem Gebiet nur der Wandel gewesen sein. Es ist anzunehmen, daß sich die frühen Seefahrer, vielleicht noch an Bord eines Floßes, viel natürlicher durch Fische und mitgenommene Früchte ernährt haben. Diesbezügliche Experimente der Gegenwart sind durchaus als erfolgreich zu bezeichnen. Aus diesen Überlegungen heraus wollen wir auf das Argument der Unmöglichkeit früher Seefahrt, allein auf Grund von Ernährungsschwierigkeiten, verzichten.

Eines der ältesten seefahrenden Völker waren die Sumerer im Land zwischen den Strömen Euphrat und Tigris. Aus den archäologischen Zeugnissen weiß man, daß sich diese Menschen bereits Ende des 4. Jahrtausends vor unserer Zeitrechnung in die Gewässer des Persischen Golfes wagten. „Die Hafenstadt Ur, auf einer Lagune vor der Küste des Persischen Golfes gelegen, entwickelte sich zu einem bedeutenden Umschlagplatz für den Überseehandel. Von hier fuhren die Schiffe nach Dilmun (Tilmun), der heutigen Insel Bahrein, die schon als Herkunftsgebiet der mesopotamischen Dattelpalmen genannt worden ist und ihrerseits als Umschlagplatz des benachbarten arabischen und vielleicht auch schon des nordwestindischen Küstenlandes eine Rolle spielte." (KRÄMER 1977, S. 74). Oft waren in der Frühzeit der Entdeckungsreisen der Geograph, Händler oder Krieger in einer Person vereint. Diese Menschen nahmen in jedem Fall Mühe und Entbehrungen in Kauf, denn nur die eigene Beobachtung gab ihnen die Gewißheit, über die geographischen Gegebenheiten am Handels- oder Kriegsort. So reisten ägyptische Schiffe auf Befehl der Königin HATSCHEPSUT in den Jahre 1493/92 v. u. Z. nach Punt (im heutigen Somalia) und brachten unter anderem Myrrhebäume mit. Über diese Reise berichtet eine Inschrift am Tempel Derel-Bahri. Die zurückgelegte Strecke betrug etwa 2 000 km.

Die geographischen Ergebnisse der Ägypter zeigen jedoch keine kontinuierliche Aufwärtsentwicklung. So waren ihnen um 600 v. u. Z. im Süden der Abessinische Berg, „Horn der Welt" genannt, und im Norden die armenischen Hochgebirge, „die vier Stützen des Himmels", bekannt, letztere galten im ägyptischen Raum als das Ende der Welt. Das gesamte bis zu dieser Zeit befahrene Gebiet läßt sich mit den Koordinaten 15–50° nördlicher Breite und 25–70° östlicher Länge eingrenzen.

Die Chinesen, die in früher Geschichte oft eine Spitzenstellung auf technischem Gebiet einnahmen, kannten Mittelasien 2 000 Jahre vor den Europäern. Ihr geographisches Wissen ist in 500 Büchern niedergelegt, die „Reichsgeographie" aus dem Jahre 1368 v. u. Z. umfaßt allein 360 Bände.

Zu den bekannten seefahrenden Völkern zählten die Phönizier. Mit Schiffen aus Zedernholz erkundeten sie zunächst die Küsten des Mittelmeeres und unternahmen schon 1200 v. u. Z. erste Fahrten in den

Atlantik. Sie fuhren die französische Küste nordwärts, gelangten nach Südwestengland (Zinn) und bis zu den niederländischen und westschleswigischen Küsten (Bernstein). Nach DIODOR gründeten die Phönizier um das Jahr 1100 v. u. Z. die Stadt Gadeira, das heutige Cádiz. Durch das Anlegen von Hafenburgen und Faktoreien beherrschten sie die ganze Länge des Mittelmeeres, und im Süden der Westküste Afrikas gründeten sie Kolonien. Die äußersten Grenzen des phönikischen Reiches entsprachen etwa dem Umfang der damals in Europa geographisch bekannten Länder. Um das Jahr 800 v. u. Z. landeten phönikische Schiffe auf den Kanarischen Inseln und der Madeiragruppe. HERODOT (Historien IV, 1959, 42) überlieferte eine merkwürdige Reisebeschreibung aus den Jahren 609–593 v. u. Z., aus der man auf eine Umschiffung des afrikanischen Kontinentes schließen kann: „Sie erzählten, was ich aber nicht glaubte, vielleicht erscheint es anderen eher glaublich, daß sie während der Umschiffung die Sonne auf einmal zur Rechten gehabt hätten." Diese Reise, die im Auftrag NECHOS stattfand, erstreckte sich über insgesamt 25 000 km. Allerdings fuhren die Schiffe immer in Küstennähe, wodurch das navigatorische Problem kein großes war. Es steht außer Zweifel, daß die Phönizier gute Karten besessen haben, daß sie sich „nach den Sternen orientierten", kann wohl kaum ausgeschlossen werden.

Das geographische Wissen der Griechen befand sich in Besitz der Priester, deren Zentrum die Orakelstätte Delphi war. In umfangreichen Archiven sammelten sie geographische Kenntnisse der alten Kulturvölker. 600 v. u. Z. gelangte der samische Schiffseigner KOLAIOS als erster Grieche durch die Straße von Gibraltar in den Atlantik. Er begründete auch mit Tartessos (Region im Süden der Pyrenäen-Halbinsel) einen bedeutsamen Metallhandel. Der Verfasser eines Periplus über das Mittelmeer und den äußeren Ozean, ENTHYMENES, gelangte um 530 v. u. Z. möglicherweise bis nach Senegal. HERODOT, der Vater der Geographie, bereiste weite Teile der Welt, so Asien, Nordafrika, den Dnepr, die Donau und den Nil. Seine systematische Darstellung beruhte auf einem scharfen Verstand und seiner großen Reiseerfahrung. Nichts war ihm zu unbedeutend, als daß es keine Erwähnung in seinen Büchern gefunden hätte. Dinge, die er bezweifelte, schrieb er dennoch auf und kommentierte sie entsprechend.

Als den ersten wissenschaftlichen Entdeckungsreisenden überhaupt bezeichnet man den Griechen PYTHEAS VON MASSILIA, 330 v. u. Z. war er bis zum nördlichen Polarkreis vorgedrungen und berichtete vom Land Thule, wo der längste Tag zur Sommersonnenwende 19 Stunden beträgt. Seine Zeitgenossen begriffen die Tragweite seiner Entdeckungen nicht und stellten ihn als Lügner hin. Nur ERATOSTHENES erkannte die Bedeutung seiner geographischen Informationen.

ALEXANDER DER GROSSE gelangte bei seinen Feldzügen bis Indien, und sein Feldherr NECHO fuhr den Indus hinab und entdeckte die

Euphrat- und Tigrismündung für die Griechen. Gleich herausragend waren die griechischen Geographen STRABON aus Amasia, der mit 83 Jahren insgesamt 17 Bücher verfaßt hatte, sowie CLAUDIUS PTOLEMÄUS, den manche als den ersten „Stubengeographen" bezeichneten und der darüber hinaus ein bedeutender Astronom war. Der Längenfehler auf seinen Karten ist auf die falsche Berechnung des Zeitabstandes zwischen Karthago und Arbil (Arbela) zurückzuführen. Er zeichnete das Mittelmeer um 20° zu lang. Dieser Fehler hat sich bis in die ptolemäischen Renaissancekarten des Mittelalters fortgesetzt.

Der geographische Wissensdurst der Römer beschränkte sich im wesentlichen auf die Sicherung der Handelswege zu den Kolonien. Die meisten Erkenntnisse gewannen sie durch Kriegszüge. In ihrer gut organisierten Verwaltung ließen sich die Informationen viel besser sammeln als in früheren Staaten, so waren z. B. zum Ausbau des Straßennetzes Feldvermesser angestellt. Für die römischen Geographen endete jedoch der Erdkreis mit ihrem Herrschaftsbereich. Gut bekannt waren ihnen die Länder Westeuropas, die Balkanhalbinsel, Nordafrika, Kleinasien, Gallien und Britannien. Eine ungenauere Vorstellung besaßen sie vom Weichselgebiet, von Skandinavien, Nubien, dem Sudan und Innerasien. Bedeutung erlangte die Weltbeschreibung von PLINIUS DEM ÄLTEREN.

Für die Antike kann man zusammenfassend einschätzen, daß Segelschiffe bis zu 250 t Tragfähigkeit und einer durchschnittlichen täglichen Reisegeschwindigkeit an einem Sommertag von etwa 55 Seemeilen zur Verfügung standen. Unzulänglichkeiten an der Steuerung und der Takelage ließen es nicht zu, am Wind zu segeln oder gegen ihn zu kreuzen.

Zu den in der Antike erforschten Gebieten zählte das gesamte Mittelmeer, die Küsten Westeuropas, die Küsten Asiens von Suez bis Tongking oder Guangzhou (Kanton), die westafrikanische Küste bis Sierra Leone, die afrikanische Ostküste bis Kap Delgado, und wenn man die Bemerkung HERODOTS ernst nimmt, die West- und die Ostküste Afrikas bis zum Kap der Guten Hoffnung, von Europa das Geviert westlich des Rheins, südlich der Donau sowie der südlichen Sowjetunion, Kleinasien, das Hochland von Iran, das Stromgebiet des Indus sowie die Seidenstraße nach China, schließlich das Nilbecken bis zum Sobat und zur Sadd-Region, eine Landroute von der ostafrikanischen Küste bis zum Viktoriasee und zwei oder drei Wüstenpfade durch die Sahara zum Sudan und nach Nigeria.

In den Jahrhunderten nach dem Zeitraum, den wir heute als Antike bezeichnen, scheinen die europäischen Entdeckungen kaum über das bereits erreichte Maß hinausgegangen zu sein. Als ein weiteres „Entdeckervolk" sind die Araber zu nennen. Im 10. Jahrhundert u. Z. besaßen sie ein nach griechischem Vorbild gut organisiertes Postwesen. Obwohl sie Kenntnisse über die Länder des Indischen Ozeans, den

Südosten Afrikas, den Aralsee, die Flüsse Amur- und Syrdarja, den Tienschan, die Handelswege Innerasiens, Chinas und vielleicht sogar Australiens besaßen, waren ihre Kartenwerke recht mangelhaft und spiegelten kaum den Stand ihres geographischen Wissens wider. Im Jahre 1147 fuhren arabische Abenteurer in den Atlantik und bereisten nordwestafrikanische Gewässer sowie die Kanarischen Inseln. Aus einer Legende auf FRA MAUROS Erdkarte von 1457 weiß man, daß um 1420 ein arabisches Schiff bis zum Kap der Guten Hoffnung gelangte.

Das 15. Jahrhundert blieb vor allem den Entdeckungsfahrten der Portugiesen vorbehalten. Dabei legte HEINRICH DER SEEFAHRER durch Studien und vorbereitende Unternehmungen den Grundstein für die Entdeckungserfolge seiner Landsleute. „Prinz Heinrich ist's gewesen, der seinem Volk und der ganzen Menschheit recht eigentlich den Weg nach Indien wie nach Amerika gewiesen hat ...", schrieb HENNIG (1956, S. 5). Im Jahre 1416 fand die erste Forschungsfahrt der Portugiesen auf Anweisung des Prinzen statt. Ihr folgte 1447 eine dänische Expedition, die bis nach Neufundland gelangte. 1488 umsegelte BARTOLOMËU DIAZ das Kap der Guten Hoffnung, und 1498 suchten JOAO FERNANDES (genannt Labrador) und CABOTO die nördliche Durchfahrt nach Asien und erreichten Grönland und das heutige Labrador. Nicht zuletzt fallen in diesen Zeitraum die bedeutenden Reisen des COLUMBUS und die damit verbundene offizielle Entdeckung der Neuen Welt. CABRAL fand im Jahr 1500 Brasilien und den Seeweg nach Indien um das Kap der Guten Hoffnung. Im Jahre 1502 erfährt COLUMBUS von Indianern von der Existenz des Pazifik.

Damit soll die keineswegs Anspruch auf Vollständigkeit erhebende Aufzählung der frühen Entdeckungsreisen abgeschlossen werden. Aus den genannten Beispielen kann man den Schluß ziehen, daß es *eine* Entdeckungsgeschichte nie gegeben hat. Alle Völker haben das sie umgebende und weiter entfernt liegende Terrain erforscht, haben sich *ihr* Bild von der Welt geschaffen. Große Fortschritte wurden keinesfalls immer nur von den großen Seemächten erzielt. Oft waren es kleine Gruppen oder gar Einzelpersonen, denen bedeutende Entdeckungen gelangen. Letzteres trifft vor allem für die unerwähnt gebliebenen Entdeckungen im Innern der Kontinente zu. Ebenso wie noch im 18. Jahrhundert für den Transport schwerer Massen die Prinzipien des Altertums und früherer Zeiten, wie Rolle, schiefe Ebene, einfacher Flaschenzug und Göpelwinde mit Erfolg angewandt wurden, lassen sich auch die Techniken der Nautik vor der Herstellung heute angewandter Geräte in die Vergangenheit projezieren. Natürlich ist es schwer möglich, den Beweis zu erbringen, daß erst ab einer bestimmten Entwicklungsstufe der Seefahrt die Umrundung von Afrika oder Südamerika, die Erreichung der Antarktis oder des Arktischen Ozeans realisierbar war. Diesen Gedankengang sollte die vorstehende Auswahl aus der Entdeckungsgeschichte unterstreichen.

Selten sind einzelne Zeugnisse, die sich aus der Vergangenheit erhalten haben, repräsentativ für eine bestimmte Epoche. Die Autoren vertreten daher, entgegen der Auffassung CHARLES H. HAPGOODS, die Meinung, daß wir zur Erklärung der Rätsel alter Erdkarten keine hypothetische Zivilisation heranziehen müssen. Der Forscherdrang hat uns Menschen bereits in den Kosmos geführt, wir werden in absehbarer Zeit zu den Planeten unseres Sonnensystems fliegen und dieses in ferner Zukunft sicherlich auch einmal verlassen. Den Ursprung der dafür erforderlichen enormen Technik kennen wir heute. Um auf einem Floß an die Gestade eines anderen Meeres zu gelangen, sind neben Mut vor allem Erfahrung, praktische Fähigkeiten und der Sinn zum Aufnehmen der vielfältigen Hinweise der Natur vonnöten. In dieser großen Naturverbundenheit, die wir heute nicht mehr kennen und die uns auch kaum noch vorstellbar ist, läßt sich die Antwort auf zahlreiche Fragen finden. Ihr verdankt die Menschheit die kühnen Entdeckungen der Seefahrer und Landreisenden in der Frühzeit unserer Zivilisation. Aus geographischen Entdeckungen und ihrer zeichnerischen Verarbeitung entstanden kartographische Erfahrungen und mit großer Sorgfalt ausgeführte Karten. Die Verfahren der Projektion waren möglicherweise so weit entwickelt, daß spätere Kartographen, darunter auch PIRI REIS auf Grund der großen dazwischenliegenden Zeiträume mit diesen Abbildungen nichts mehr anzufangen wußten. In Anwendung der ihnen bekannten Geometrie der Ebene wurden die in trigonometrischer Projektion gezeichneten Karten verfälscht. Die Ausgangskarten gingen im Laufe der Zeit unter, es blieben die Kopien, welche heute unsere Verwunderung erregen.

Antworten und neue Fragen

Wie überall in der Wissenschaft wird auch hier eine Untersuchung der unbeantworteten Fragen so gut sein, so weit sie sich der Wahrheit nähert. „Wahrheit ist die Übereinstimmung der in Aussagen formulierten menschlichen Erkenntnis mit der Wirklichkeit, also die richtige Widerspiegelung der objektiven Realität im menschlichen Bewußtsein." (Meyers Universallexikon. Bd. 4. Leipzig 1980, S. 511). Das Ideal unseres Erkenntnisstrebens ist die absolute Wahrheit, doch diese steht selbst heute noch, in einer Zeit, in welcher sich das Wissen der Menschen aller 8–10 Jahre verdoppelt, sogar für stark abgegrenzte Detailfragen in weiter Ferne. Daher versucht der Mensch mit Hilfe der relativen Wahrheit seinem Ziel immer ein kleines Stückchen näher zu kommen, und trotz fortschreitender Erkenntnis hat die Feststellung, daß eine beantwortete Frage zehn neue entstehen läßt, nichts an Aktualität verloren. Schließlich ist Wahrheit nicht etwas sich von selbst über den Erdball Ausbreitendes, sondern sie wurde und wird erst einmal mehr oder weniger bekämpft. MAX PLANCK (1948, S. 22) schrieb in seiner Selbstbiographie: „Eine neue wissenschaftliche Wahrheit pflegt sich nicht in der Weise durchzusetzen, daß ihre Gegner überzeugt werden und sich als belehrt erklären, sondern vielmehr dadurch, daß die Gegner aussterben und daß die heranwachsende Generation von vornherein mit der Wahrheit vertraut gemacht ist."

Eine besondere Rolle spielen unseres Erachtens die sogenannten Pseudowahrheiten. Mancher hält einen Umstand für gegeben, ohne ihn zu prüfen, meist aber auch ohne ihn prüfen zu können. Irgendein anerkannter Fachmann äußert eine Theorie, seine Schüler, die zu einem gewissen Grad auch von ihm abhängig sind, glauben sie, und keiner kommt auf den Gedanken, an „dem Mann" zu zweifeln. Natürlich ist die Wahrheitsfindung kein leichter Prozeß und führt oft erst über Umwege zum Ziel. Während in der ersten Hälfte unseres Jahrhunderts zahlreiche Rätsel der Menschheitsgeschichte den „Bewohnern von Atlantis" zugeschrieben wurden, sind es heute die „Außerirdischen". Eine neue Behauptung ward geboren, und wer kann schon im einzelnen Richtigkeit oder Unrichtigkeit überprüfen. Und wer dies tun möchte, wird feststellen, daß die Spezialisten für die einzelnen Fachgebiete auf unserem Globus verstreut leben und manches Fachbuch nur noch in wenigen Exemplaren existiert, die schwer zugänglich sind.

Immer noch, und täglich bestätigt, gilt der fast zu einem geflügelten Wort gewordene Ausspruch „Die Praxis ist das Kriterium der Wahrheit". Angewendet auf unsere Belange bei der Lösung der Rätsel alter Erdkarten heißt das, daß eine Theorie über die frühe Geschichte der Geographie und Kartographie nur so gut ist, wie sich jedes Detail in sie einfügen läßt. FRANZ MARIA FELDHAUS, der viel zur Technikgeschichte publizierte, hat mehrfach geäußert, daß seine Forschungen ganz am kleinen Gegenstand hängen und vom Kleinen zum Großen nur ganz vorsichtig fortschreiten. Die Kleinarbeit ist die Grundbedingung aller Geschichtsforschung (FELDHAUS 1914, S. Vff.).

Ein Faktor, der, wie wir meinen, ganz besonders in einem sozialistischen Land von Bedeutung ist, soll abschließend erwähnt werden. Dank der großen Anstrengungen auf dem Gebiet der Volksbildung in den Polytechnischen Oberschulen, aber auch den Einrichtungen zur Erwachsenenqualifizierung, hat sich der allgemeine Bildungsstand so gehoben, daß Wissenschaftler und Autoren durchaus neue Forschungsergebnisse in angemessener Art und Weise publizieren können und verstanden werden. Das ist aber nur die eine Seite des Problems, auf die andere wurde auf S. 56 ff. schon hingewiesen. Viele Bürger akzeptieren wissenschaftliche Argumente nicht kritiklos, sie möchten Näheres, Ausführlicheres und gleichzeitig Überprüfbares wissen. Das beweisen Tausende von Leser- und Zuschauerbriefen an unsere Massenmedien.

Um zu einem Resümee betreffs der Rätsel alter Erdkarten zu kommen, muß man sich darüber klar werden, daß die Forschungen dazu leider noch immer in den Kinderschuhen stecken. Es gibt neben Arbeiten von HAPGOOD und P. GALLEZ nur noch einige Untersuchungen, die dem Charakter nach eher die Theoretisierung einer phantastischen Idee als eine exakte wissenschaftliche Analyse darstellen.

Den Autoren stellt sich der Sachverhalt heute wie folgt dar: Die Antwort auf zahlreiche mit den alten Karten im Zusammenhang stehende Fragen ist in der Geschichte zu suchen. Zum großen Teil stammt das rätselhafte Kartenwissen von frühen Entdeckungsreisen. Durch die wechselvolle Geschichte der Menschheit hat sich das Bild der einst klar abgelaufenen Vorgänge verwaschen. Schließlich hatte der Mensch noch vor wenigen Jahrhunderten ein anderes Verhältnis zur Wissenschaft als heute. Das zeigt zum Beispiel folgendes Zitat von TAESCHNER (1922, S. 34 f.), das eine Chrakteristik der geographischen Literatur der Osmanen gibt: „Im übrigen war ihr Verhältnis zur Geographie, der ganzen Art der mittelalterlichen Gelehrsamkeit entsprechend, zunächst ein rein literarisches. Nicht um die Erde und was auf ihr ist zu erforschen, betreibt man Geographie, sondern weil geographische Werke von den Alten überkommen waren, die man weiter zu überliefern die literarische Verpflichtung fühlte; erst in zweiter Linie kam das Interesse an der Sache hinzu, das sich zunächst dadurch betätigte, daß man den überkommenen Wissensstoff auf den gegenwärtigen Stand der Dinge brachte, ohne sich aber von nicht mehr zutreffenden Nachrichten völlig loszumachen. Auf diese Weise schleppte man bis in die neuesten Zeiten längst veraltetes Nachrichtenmaterial mit sich herum, neben das man unvermittelt ganz neue Mitteilungen stellte. Und so kam es, daß bis tief in die osmanische Zeit hinein [14. Jahrhundert, Verfasser] hinter allen geographischen Werken die Geographie des Ptolemäus als Prototyp und letzte Autorität steht. Doch nicht wie im Abendlande, wo man zur Zeit des Humanismus mit der geographischen Tradition des Mittelalters brach und neu an Ptolemäus anknüpfte: Das Morgenland hat diesen Bruch mit der mittelalterlichen Tradition, der ja damals durch die gesamte abendländische Kultur ging, nicht mitgemacht, und so konnte sich hier der alte Ptolemäus, wie er sich unter den Händen der muslimischen Geographen des Mittelalters gewandelt hatte, ausleben, bis von Europa her ein ganz anderer Geist über ihn kam und so die Tradition von außen her gestört wurde."

Gleichwertig zu den frühen Entdeckungsreisen für die Lösung der Kartenrätsel setzen wir die Tatsache, daß die Seeleute und Naturforscher am Ziel ihrer Reise in der Regel mit den dort lebenden Menschen ins Gespräch kamen und von ihren Entdeckungen erfuhren. Um Antworten auf die zahlreichen Fragen zu erhalten, die uns die alten Erdkarten stellen, muß letztlich vor allem die Annahme ad acta gelegt werden, daß die Europäer allein die Entdecker der Welt waren. Zahlreiche Autoren zeigen auf Karten, in denen die entdeckten Gebiete in üblicher Form und alles unentdeckte bis zu einem bestimmten Zeitpunkt schwarz dargestellt wurde, wie weit „unsere" Kenntnis von der Welt war. Die Betonung liegt hier tatsächlich auf „unser", doch wird diese Einschränkung häufig vergessen. Es gibt keinen Zweifel daran, daß die Bewohner ferner Länder und Erdteile ebenso wie wir Entdeckungsreisen durchführten und Geographie betrieben. Wenn es auch bis heute gelungen ist, die Verzerrung des Weltbildes auf unseren Erdkarten zuungunsten der Völker am Rande des Pazifik aufrechtzuerhalten, sollte dies eher zum Nachdenken anregen, als die These von der europäischen Entdeckung der Welt untermauern.

„Als die Europäer sich auf dieses größte aller Weltmeere hinausgewagt hatten," schreibt Thor Heyerdahl (1974, S. 13), „entdeckten sie zu ihrem Erstaunen mitten in diesem Ozean eine Menge kleiner, gebirgiger Inseln und flacher Korallenriffe, voneinander und von der übrigen Welt getrennt durch unendliche Weiten offener See. Und jede einzelne dieser Inseln war schon von Menschen bewohnt, die viel früher dorthin gekommen waren, von schönen, hochgewachsenen Menschen, die sich mit Hunden, Schweinen und Hühnern am Strand einfanden. Woher waren sie gekommen? Sie redeten eine Sprache, die kein anderes Volk verstand, und unsere Rasse, die sich keck Entdecker der Inseln nannte, fand hier wohlbestelltes Land vor und Dörfer mit Tempeln und Hütten auf jedem kleinsten bewohnten Eiland. Ja, auf einigen Inseln gab es sogar uralte Pyramiden, gepflasterte Straßen und steinerne Statuen von Ausmaßen eines vierstöckigen Hauses." Werden nicht alle Diskussionen über Bezwingbarkeit oder Unbezwingbarkeit der Weltmeere mit einfachen Hilfsmitteln vor Jahrtausenden gegenstandslos angesichts der von Menschen bewohnten pazifischen Inseln? Haben diese nicht in ferner Vergangenheit ein bedeutenderes Kapitel der Entdeckungsgeschichte geschrieben, als beispielsweise die Europäer im Mittelalter? Die einsamen Reisenden auf der unendlich großen Wasserfläche des Pazifik haben jedenfalls das Leben auf diese Inseln gebracht, während die europäischen Entdecker oft den Tod an Land zurückließen.

Etwa 400 Jahre vor den HEYERDAHLSCHEN Expeditionen, als die Spanier unter PIZARRO in Peru einfielen, was man ja kaum als geographische Entdeckungsreise bezeichnen kann, bekamen die Soldaten auch Kenntnis vom geographischen Wissen der Inkas. „Sie besaßen einige Kenntnisse in der Geographie, soweit sie ihr eigenes Reich betraf, das allerdings sehr groß war, und sie verfertigten Landkarten – ähnlich denen für Blinde – mit plastisch erhöhten Linien für die Grenzen und Örtlichkeiten ...", berichtete PRESCOTT (1975, S. 76).

Als DE QUIROS 1606 die Ostgruppe der Fidschi-Inseln entdeckte, zeigte ihm König TUMAI auf Taumako (größte der zu den Salomonen gehörenden Duffinseln) anhand einer Zeichnung im Sand, wo sich die anderen Inseln befinden. Der König zeigte verschiedene Abschnitte des Horizontes und zählte mit Hilfe der Finger nicht weniger als 60 Inseln und ein sehr großes Land her, das er „Manicolo" nannte. Gemeint war Malekula, die zweitgrößte Insel der Neuen Hebriden. König TUMAI demonstrierte auch die Entfernungen, indem er auf die Sonne deutete, dann den Kopf in die Hand legte und an den Fingern die Anzahl der Nächte abzählte, die man auf einer Fahrt dorthin verbringen mußte. OTTO VON KOTZEBUE ließ sich im Jahr 1817 von Eingeborenen die geographische Lage der Insel Erikub anhand einer Reliefkarte beschreiben und fand die Informationen später bestätigt. Diese Beispiele ließen sich fortsetzen und künden von zahlreichen geographischen Aktivitäten der Bewohner vieler Länder.

Die Bedeutung dieser Entdeckungen kann momentan kaum richtig eingeschätzt werden. Dazu müßte eine ungeheure Zahl von Informationen zu einem Ganzen gefügt werden.

In diesem Zusammenhang ist auch die von N. G. FRADKIN schon 1972 eingeführte neue Definition des Begriffes „geographische Entdeckung" interessant. „N. G. Fradkin stellt fest, daß in der Vergangenheit die geographische Entdeckung den ersten Besuch dieses oder jenes Objektes (des Erdteils, der Insel, der Meerenge, des Vulkans, des Sees usw.) durch Vertreter eines schriftkundigen Volkes angibt. Dabei wird dieses Objekt charakterisiert oder es wird in die Karte eingetragen. Jetzt wird als geographische Entdeckung nicht nur die territoriale, sondern auch die theoretische Entdeckung in der Geographie, die Entdeckung neuer geographischer Gesetzmäßigkeiten anerkannt. Auf diese Art nähert sich die moderne Geschichte der geographischen Entdeckungen der Geschichte der Geographie." (SAUSCHKIN 1978, S. 9f.). Dieser Hinweis auf die Bedeutung des Zusammenhanges zwischen der Geschichte der geographischen Entdeckungen und der Geschichte der Geographie erscheint uns insbesondere im Zusammenhang mit den Rätseln alter Erdkarten von Bedeutung.

Neben den durch Bewohner der Länder und Gebiete selbst durchgeführten Entdeckungen, die sie wiederum Reisenden, beispielsweise aus Europa, mitteilten und den Beobachtungen der Entdeckungsreisenden selbst, die wir hier als authentisch bezeichnen möchten, gibt es einen nicht zu unterschätzenden Anteil von geographischen Angaben auf alten Erdkarten, Küstenlinien, Durchfahrten und Inseln, die der Phantasie entsprangen, bzw. hypothetischen Charakter trugen. Wenn sich die vorerst vermutete geographische Gegebenheit später als tatsächlich vorhanden erweist, sind wir wieder auf der Spur eines „Rätsels". RICHARD HENNIG, der mit großer Akribie die Entdeckungsreisen von den nachweisbaren Anfängen bis zu CHRISTOPH COLUMBUS zusammengestellt und kommentiert hat, sieht in der hypothetischen Einzeichnung für die meisten Probleme die Lösung der Rätsel.

„Der Gedanke lag wirklich nicht fern, die erst in Teilen bekannte südamerikanische Landmasse, für die sich der Begriff Brasilien einbürgerte, ebenfalls als Insel zu zeichnen und von dem hypothetisch vermuteten, durch falsche Angaben des Ptolemäus konstruierten ‚Südkontinent' durch eine Meeresstraße abzugrenzen. Auf Leonardos [DA VINCI, um 1512, Verfasser] Weltkarte flutet zwischen dem neuentdeckten Brasilien und dem hypothetischen Südkontinent statt einer Meerenge sogar ein breites Weltmeer dahin. Dennoch ist niemand auf den Einfall gekommen, Leonardo könne vielleicht wirklich Kunde gehabt haben von den weiten Wasserflächen, die sich zwischen Feuerland und der Antarktis ausdehnen. – Nun, bei Schöners Meerenge [SCHÖNERS Globus aus dem Jahre 1515, Verfasser] liegen die Dinge nicht anders als bei Leonardo's großem Meer südlich von Brasilien. Seine wie Leonardo's verschiedene Meeresteile und Meerengen sind nur psychologisch zu deuten, und ihrer Erklärung bedarf es der Annahme von unbekannt gebliebenen Vorentdeckungen wahrlich nicht. Ähnlich wie

Sanudo um 1320 die Umschiffbarkeit Afrikas im Süden als feststehende Tatsache behandelte, bevor sie als richtig erkannt wurde, hat auch Schöner jene Meerenge im Süden von Amerika als Hypothese in seine Globen aufgenommen, weil man lebhaft wünschte, sie möchte vorhanden sein; – auf gut Glück – wurden diese Konstruktionen, mangels aller zuverlässigen Nachrichten, in das unvollständige Weltbild aufgenommen. Zuweilen stimmten die Konstruktionen ungefähr, zuweilen nicht. Völker, die an einer Wasserstraße südlich von Amerika kein Interesse hatten, sträubten sich auch keineswegs, den neuentdeckten südamerikanischen Kontinent auf ihren Seekarten unmittelbar in den Südkontinent des Ptolemäus übergehen zu lassen und auf die Hypothese einer trennenden Meeresstraße zu verzichten. Auf der türkischen Karte des Piri Reis von 1513 ist z. B. Südamerika nur ein Teil des Südkontinentes." (HENNIG 1956, S. 403).

In dieser Argumentation sind einige Schwachpunkte enthalten, und sie hat vor allem den Nachteil, daß, wenn man ihr folgt, die wahren Erklärungen sich nicht finden lassen. Bei dem von HENNIG erwähnten SANUDO handelt es sich um MARINO IL VECCHIO SANUTO, einen venezianischen Patrizier, der in einer um 1320 herausgegebenen Schrift, der zahlreiche Karten beigegeben waren, einen neuen Feldzug gegen die Türken propagierte. Möglicherweise sind die Karten gar nicht von ihm, sondern von P. VESCONTE gezeichnet. Nach den bekannten Unternehmungen in der Antike besteht u. E. kein Zweifel daran, daß eine Umschiffung des afrikanischen Kontinentes um 1320 schon als durchführbar bekannt war. Wir kennen inzwischen auch den Grund, warum Südamerika auf der PIRI-REIS-Karte von 1513 in den antarktischen Kontinent übergeht und keine Wasserstraße eingezeichnet wurde. Es war die Unkenntnis des Kartenzeichners, der Quellenkarten zusammengefügt hatte und über die tatsächlichen Gegebenheiten nicht informiert war. So entstand ein Breitenverlust von 25°.

Zwischen den Arbeiten HENNIGS und unserem heutigen Wissensstand liegen einige Jahrzehnte, in denen auch auf dem Gebiet der Geschichte der Entdeckungsreisen und der Kartographie neues Wissen gewonnen werden konnte. Interessant für uns bleibt, daß auch RICHARD HENNIG die Rätsel der Erdkarten auffielen und er sich zu einer Auseinandersetzung mit ihnen herausgefordert sah.

Einen weiteren Faktor zur Erklärung der Karteninhalte sehen wir in den Informationsmöglichkeiten, die dem Kartenhersteller jeweils zur Verfügung standen. Während heute wichtige Ereignisse in wenigen Stunden durch die Massenmedien in alle Welt verbreitet werden können, war die Informationsgewinnung im späten Mittelalter kein zu unterschätzendes Problem. Hinzu kommt die auch damals schon aktuelle Geheimhaltung geographischer Angaben aus wirtschaftlichen und militärischen Gründen. Besonders Spanien und Portugal versuchten, ihre Entdeckungen gegenseitig und gegenüber Dritten zu verheimlichen. Im November 1504 verhängte die portugiesische Regierung die Todesstrafe auf die Mitnahme von Karten ins Ausland, die von CABRALS Indienfahrt stammten. Der gleiche königliche Erlaß untersagte jegliche Angabe von Kurs, Küsten und Landmarken jenseits des Kongo, damit Ausländer aus den portugiesischen Entdeckungen keinen Nutzen zögen. Seekarten, die diesen Bestimmungen nicht Rechnung trugen, mußten zwecks Vernichtung derartiger Angaben an die Kartenabteilung des Indienhauses abgeliefert werden. Gleiches galt für Tabellen der Breitengrade. Damit stand der gesamte Kartendienst unter Aufsicht, was u. a. zur Folge hatte, daß neue Entdeckungen erst sehr viel später an die Öffentlichkeit gelangten. Damit wollten die seefahrenden Nationen außer den militärischen auch die ökonomischen Vorteile, die neue geographische Entdeckungen bringen konnten, nicht aus der Hand geben. Für die Geographen und Kartographen bedeuteten derartige Bestimmungen natürlich eine wesentliche Begrenzung der Informationsmöglichkeiten. Es ist aber denkbar, daß trotz Geheimhaltung Mitteilungen, z. B. über die vorhandene Wasserstraße zwischen Südamerika und der Antarktis, durchsickerten, die die Kartenhersteller verarbeiteten. Von jeher war es problematisch, alles zu einer bestimmten Frage vorhandene Wissen komplett zu einem Zeitpunkt an einem Ort zu verdichten. Selbst ausgefeilte Computerprogramme mit sofortigem Informationsabruf sind nur so aktuell wie ihre Eingabedaten und nähern sich bei weitem noch nicht einem möglichen Informationsmaximum.

So wird uns die weitere Erforschung der Geschichte unserer Zivilisation, insbesondere der Verlauf der geographischen Entdeckungen unter der Abkehr vom Eurozentrismus ebenso wie die richtige Einschätzung all der Möglichkeiten, die den einst sehr naturverbunden lebenden Menschen in der Frühzeit der Entdeckungen zur Verfügung standen, aber auch die detaillierte Untersuchung des vorhandenen Kartenmaterials, die Entdeckung neuer Quellenkarten und eine Verfolgung der Entstehungsgeschichte der alten Erdkarten immer mehr zu Antworten auf die Fragen führen, die die Rätsel alter Karten uns stellen.

Weiterführende Literatur

AKCURA, Y.
Beiheft zum Faksimiledruck
der Piri-Reis-Karte.
Istanbul 1933.

ALLIACO, P. DE
Imago Mundi. Lovan 1480.

AVERDUNK, H., und
J. MÜLLER-REINHARD
Gerhard Mercator und die Geographen unter seinen Nachkommen.
Erg.-H. Nr. 182 zu Peterm.
Geogr. Mitt. Gotha 1914.

BAGROW, L.
Die Geschichte der Kartographie.
Berlin [West] 1951.

BAGROW, L., und R. A. SKELTON
Meister der Kartographie.
Berlin [West] 1963.

BAKER, J. N. L.
A history of geographical discovery
and exploration. London 1931.

BECKER, W.
Vom alten Bild der Welt. Leipzig
1971.

BELOV, M. I.
Ošibka ili u mysel?
Priroda, 1960, 11, S. 89–95.

BONACKER, W.
Kartenmacher aller Länder und
Zeiten. Stuttgart 1966.

BRÄUNLICH, E.
Zwei türkische Weltkarten aus dem
Zeitalter der großen Entdeckungen.
Leipzig 1937.

BRÄUNLICH, E.
Die türkischen Weltkarten von
1513 und 1528. Forschungen und
Fortschritte, 14, 1938, vom 10. 5.,
S. 163 ff.

BURSKI, H.-A. v.
Kemal Reis. Ein Beitrag zur Geschichte der türkischen Flotte,
Bonn 1928.

BUSCHIK, R.
Die Eroberung der Erde – 3000
Jahre Entdeckungsgeschichte.
Leipzig 1930.

CARY, M., und E. H. WARMINGTON
Die Entdeckungen der Antike.
Zürich 1966.

COHANE, J. P.
The Key. London 1973.

COLUMBUS, C.
Schiffstagebuch.
Leipzig 1980.

CONRAD, W.
Vom Jakobsstab zur Satellitennavigation. Berlin 1979.

DEISSMANN, A.
Forschungen und Funde im Serail.
Berlin, Leipzig 1933.

DRÖBER, W.
Kartographie bei den
Naturvölkern. Amsterdam 1964.

ELTER, A.
De Henrico Glareano geographo et
antiquissima forma 'Americae'.
Bonn 1896.

Feldhaus, F. M.
Die Technik der Vorzeit, der
geschichtlichen Zeit und der
Naturvölker.
Leipzig, Berlin 1914.

Fritzsche, O. F.
Glarean, sein Leben und seine
Schriften. Frauenfeld 1890.

Gallez, P.
Das Geheimnis des Drachen-
schwanzes. Berlin [West] 1980.

Gallois, M. L.
Les origines de la carte de France.
La Carte d'Oronce Finé. Geogr.
hist. et descript., 1891, S. 18 ff.

Gelcich, E.
Die Instrumente und die wissenschaftlichen Hülfsmittel der
Nautik zur Zeit der großen Länder-
Entdeckung. Festschrift der Ham-
burgischen Amerika-Feier, I,
1892.

Hakki, I.
Topkapi sarayinda deri uzerine
yapilmis eski Haritalar.
Istanbul 1936.

Hapgood, C. H.
Maps of the Ancient Sea Kings.
Evidence of Advances Civilization
in the Ice Age. New York 1979.

Hennig, R.
Terrae Incognitae. Bd. 1–4. Leiden
1936–1939. Bd. 4. 2. Aufl. Leiden
1956.

Herodot
Historien. Stuttgart 1959.

Hertel, G., und P. Hertel
Die Karte des Piri Reis.
Das Magazin, Juni 1978.

Heyerdahl, T.
Kon-Tiki. Ein Floß treibt
über den Pazifik. Berlin 1974.

Heyerdahl, T.
Zwischen den Kontinenten.
München 1979.

Hough, J.
Pleistocene Lithology of Antarctic
Ocean Bottom Sediments.
Journal of Geology, LVIII, Chicago
1950, S. 257–259.

Jerëmin, G. und V. Grigor'ev
Piri Reis, Oronteus Finaeus i
drugie. Technika molodëži, 1968,
4–6.

Kahle, P.
Piri Reis und sein Bahrije.
Berlin, Leipzig 1926.

Kahle, P.
Die verschollene Columbuskarte
von 1498 in einer türkischen Weltkarte von 1513.
Berlin, Leipzig 1933.

Kamal, P. Y.
Hallucinations Scientifiques
(Les Portulans). Leiden 1937.

Ketman, G.
Les cartes leversantes de Piri Reis.
Science et Vie, 1960. Nr. 516,
S. 86–89.

Klemp, E.
Piri Reis „borgte" sich Amerika
von Columbus.
Junge Welt vom 16. 6. 1973, S. 7.

Krämer, W.
Die Entdeckung und Erforschung
der Erde. Leipzig 1971.

Krämer, W.
Erdbild im Wandel. Urania, 1973,
2, S. 4–7.

Krämer, W.
Geheimnis der Ferne.
Berlin, Leipzig, Jena 1977.

Kretschmer, K.
Die verschollene Kolumbuskarte
von 1498 in einer türkischen Weltkarte von 1513.
Petermanns Geographische
Mitteilungen,
80, 1934, 2, S. 48–50.

Landström, B.
Knaurs Buch der frühen
Entdeckungsreisen in Farben.
München 1969.

Lange, P. W.
So weit wie menschenmöglich –
Das Leben des Kapitän
James Cook. Leipzig 1980.

Marcinek, J.
Die Erde im Eiszeitalter.
Gotha, Leipzig 1977.

MEIER, S.
Vierzig Millionen Jahre Eis am
Südpol. Wissenschaft und Fort-
schritt, 30, 1980, Heft 9 und 10,
S. 348 ff. und 373 ff.

MORDTMANN, J. H.
Zur Lebensgeschichte des Kemal
Reis. M SOS As., XXXII, Berlin
1929, S. 39–49 und S. 231 f.

NORDENSKIÖLD, A. E.
Facsimile-Atlas. Stockholm 1889.

OBERHUMMER, A. K.
Eine türkische Karte zur Entdekkung Amerikas. Anzeiger der Akademie der Wissenschaften, Wien
1931, S. 99–112.

PESCHEL, O.
Geschichte des Zeitalters der
Entdeckungen, Leipzig 1930.

PLANCK, M.
Wissenschaftliche Selbst-
biographie, Leipzig 1948.

PRESCOTT, W.
Die Eroberung Perus. Leipzig 1974.

RE'IS, PIRI
Barhije. Das türkische Segelhandbuch für das Mittelländische Meer
vom Jahre 1521. Berlin, Leipzig
1926.

Reis, Piri
In: Enzyklopädie des Islam. Bd. 3.
Leiden und Leipzig 1935–1936,
S. 1155 ff.

SALISTSCHEW, K. A.
Einführung in die Kartographie.
Gotha, Leipzig 1967.

SAUSCHKIN, Ju. G.
Studien zu Geschichte und Metho-
dologie der geographischen Wissenschaften. Gotha, Leipzig 1978.

SCHNALL, U.
Navigation der Wikinger.
Hamburg 1975.

SCHWARZBACH, M.
Das Klima der Vorzeit.
Stuttgart 1961.

SELEN, S.
Die Nordamerika-Karte des Piri-
Reis, 1528. Belleten vom
1. 1. 1937, Ankara, S. 519–523.

STEUERWALD, H.
Weit war sein Weg nach Ithaka.
Frankfurt/M. 1981.

TAESCHNER, F.
Die geographische Literatur der
Osmanen. Zeitschrift d. Deutschen
Morgenländischen Gesellschaft,
N. F., Bd. 1
[Bd. 76], Leipzig 1922, S. 31–80.

TAYLOR, E. G. R.
The Haven-Finding-Art.
London, Sydney 1971.

TOOLEY, R. V.
Early Antarctica – A glance at the
beginnings of cartographic repre-
sentation of the South Polar
Regions. London 1963.

UHDEN, R.
Die antiken Grundlagen der mittelalterlichen Seekarten. In: Imago
Mundi – Jahrbuch der Kartographie, Berlin 1935.

VASILEVSKIJ, L., und P. TOMPKINS
Antarktida – isčesnuvšaja civiliza-
cija? Technika molodёži, 1968, 5.

WERNER, E. und W. MARKOV
Geschichte der Türken – Von den
Anfängen bis zur Gegenwart.
Berlin 1979.

WILHELMY, H.
Kartographie in Stichworten.
Kiel 1966.

ZEDLER
Großes Universallexikon. Bd. 9.
Leipzig, Halle 1735, Stichwort:
Finéus.

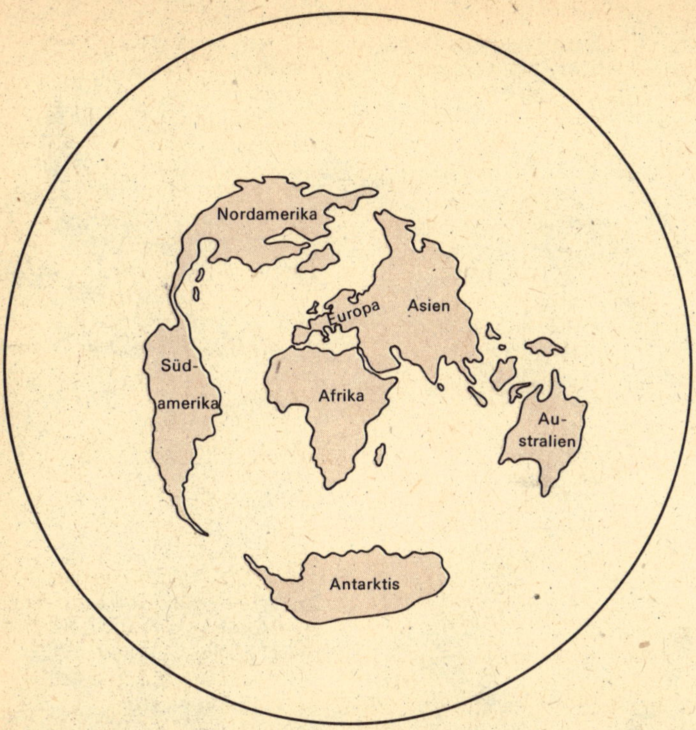

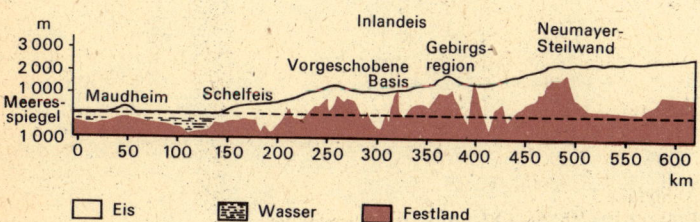

Abbildung 1
Äquidistanter Azimutalentwurf in zwischenständiger Lage mit dem
Zentrum Kairo (nach HAPGOOD 1979)

Abbildung 2
Festlandprofil und Eiskappe im Königin-Maud-Land
(Vertikalmaßstab 20fach überhöht; nach HAPGOOD 1979)

☐ Eis   ▦ Wasser   ■ Festland

Abbildung 3
Erdkarte des HENRICUS GLAREANUS aus dem Jahr 1510

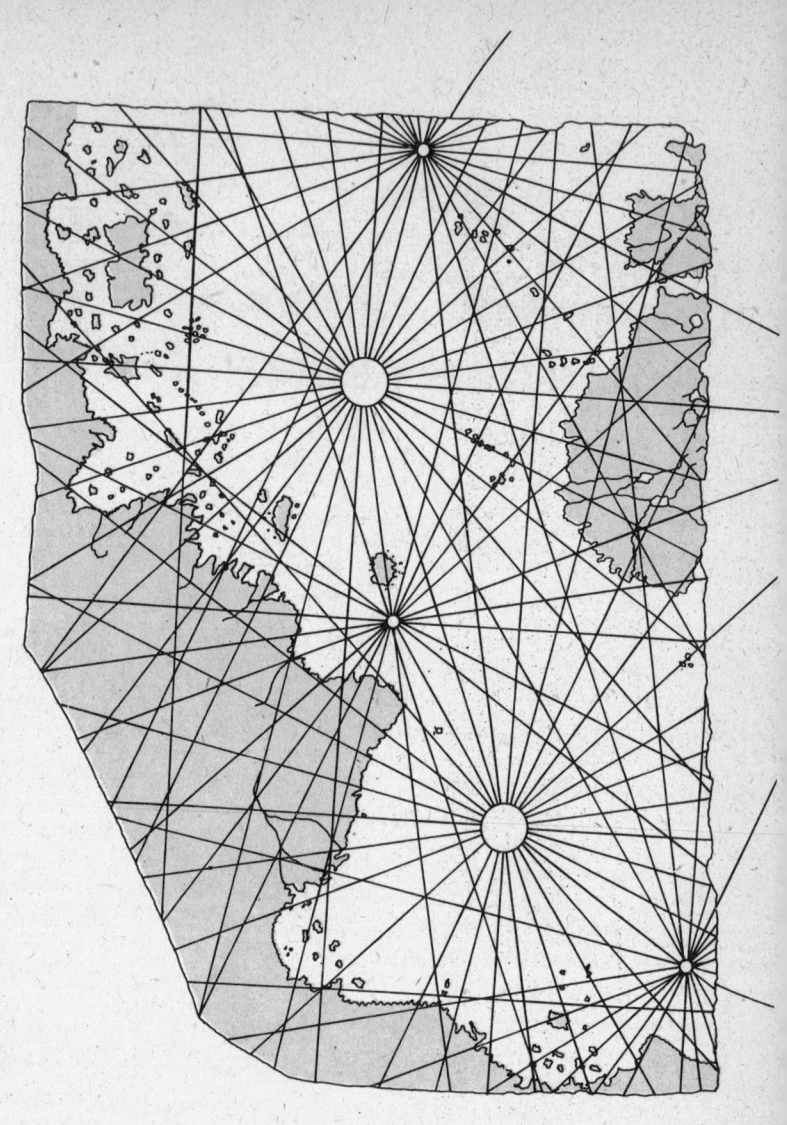

Abbildung 4
Konstruktion des Gradnetzes der PIRI-REIS-Karte von 1513
(Ein Richtungsstrahl aus jeder Kompaßrose führt in das in der Nähe
des antiken Syene (Assuan) gelegene Zentrum)

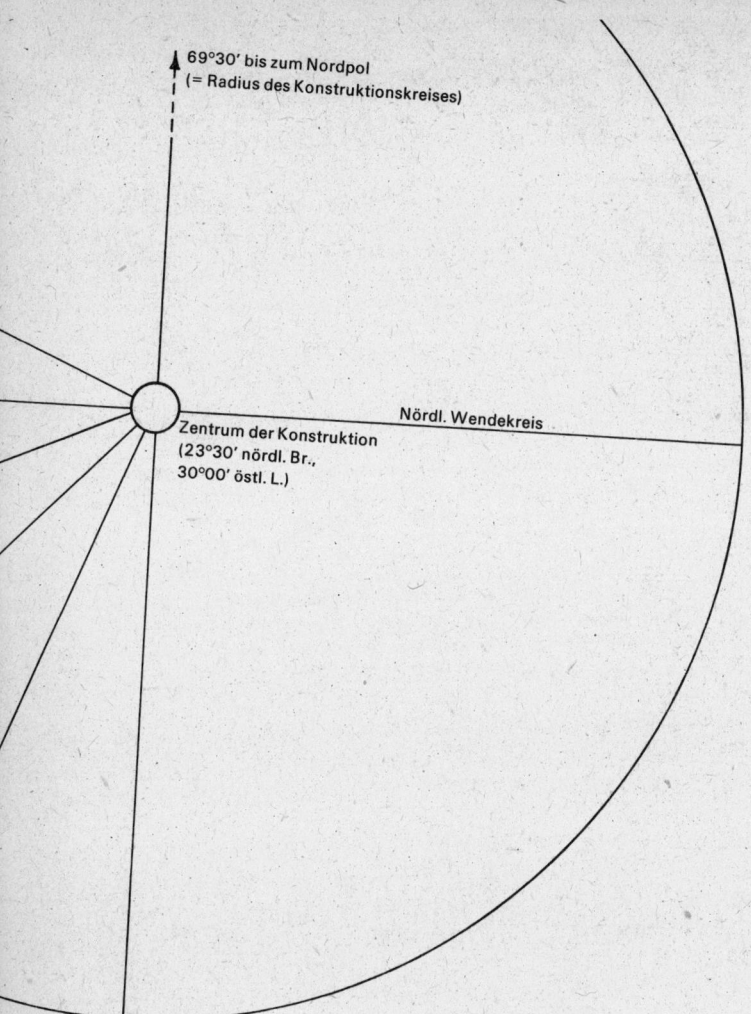

69°30′ bis zum Nordpol
(= Radius des Konstruktionskreises)

Nördl. Wendekreis

Zentrum der Konstruktion
(23°30′ nördl. Br.,
30°00′ östl. L.)

Abbildung 6
Erdkarte des ORONTEUS FINAEUS aus dem Jahr 1531

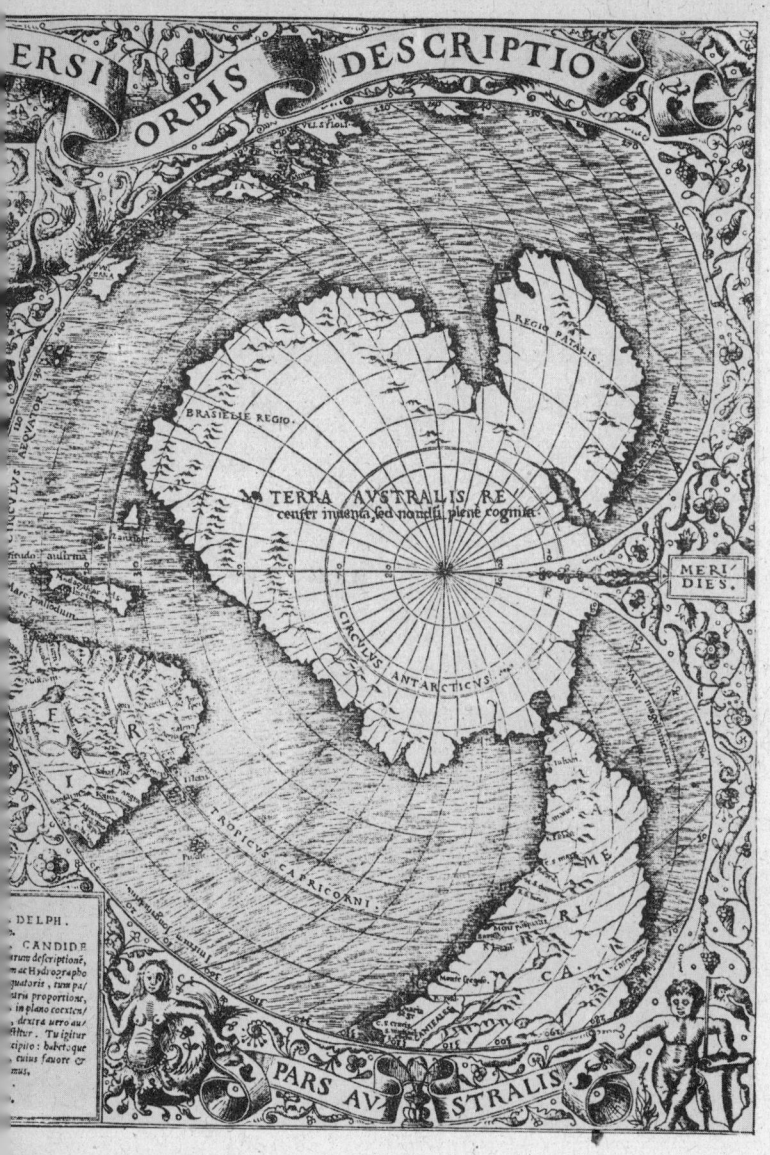

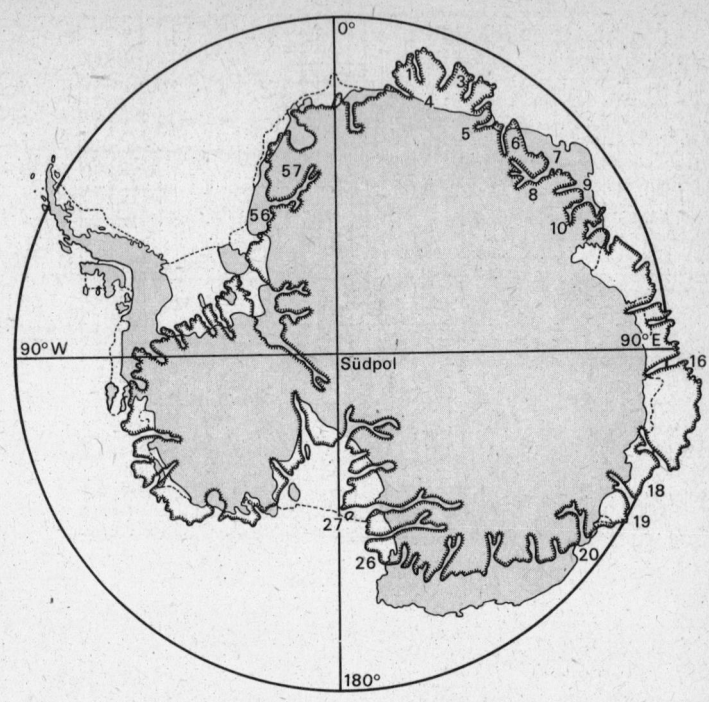

0°

57

56

90° W

Südpol

90° E

180°

4

5

6

8

9

10

16

18

19

20

26

27

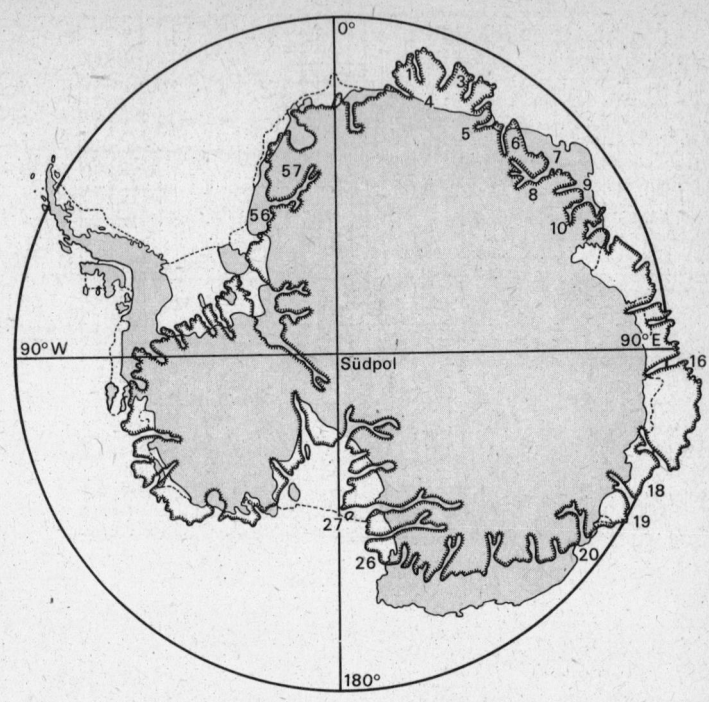 Moderne Antarktika-Karte

-------- Schelfeisgrenze

Finaeus-Karte von 1531

1 Kap Norvegia
  (Königin-Maud-Land)

3 Penckmulde (Königin-Maud-Land)

4 Neumeyer-Steilwand
  (Königin-Maud-Land)

5 Mühlig-Hofmann-Gebirge und
  Wohltatmassiv

6 Sor Rødanne und Belgicaberge

7 Prinz-Harald-Küste und
  Lützow-Holm-Bucht

8 Königin-Fabiola-Berge
  (Königin-Maud-Land)

9 Amundsenbucht (Enderbyland)

10 Nyegebirge (Enderbyland)

16 Shackleton-Schelfeis
   (Wilkesland)

18 Vincennesbucht (Wilkesbucht)

19 Totten-Gletscher (Wilkesland)

20 Porpoisebucht (Wilkesland)

26 Lady-Newnes-Bucht

27 Erebus

56 Möglicherweise doppelt
   gezeichnete Küste des
   Ellsworthlandes

57 Möglicherweise doppelt
   gezeichneter Beginn der
   Antarktischen Halbinsel

Abbildung 7
Die FINAEUS-Karte von Antarktika (1531), übertragen in einen modernen
äquidistanten polständigen Azimutalentwurf und verglichen mit einer
modernen Karte von Antarktika im gleichen Entwurf (nach HAPGOOD 1979)

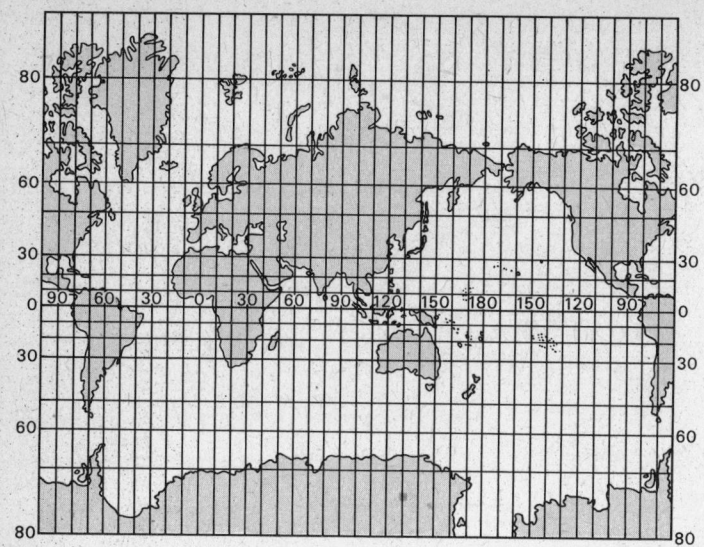

Abbildung 8
Erdkarte in Mercatorprojektion

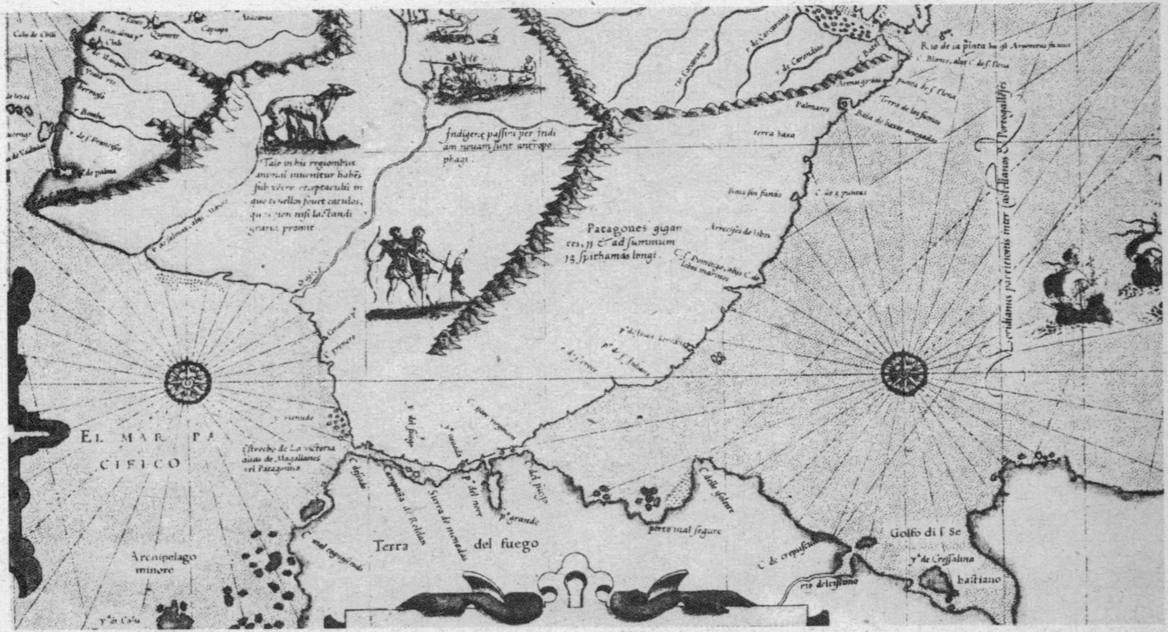

Abbildung 9
Antarktika auf der Erdkarte des GERHARD MERCATOR aus dem Jahr 1569

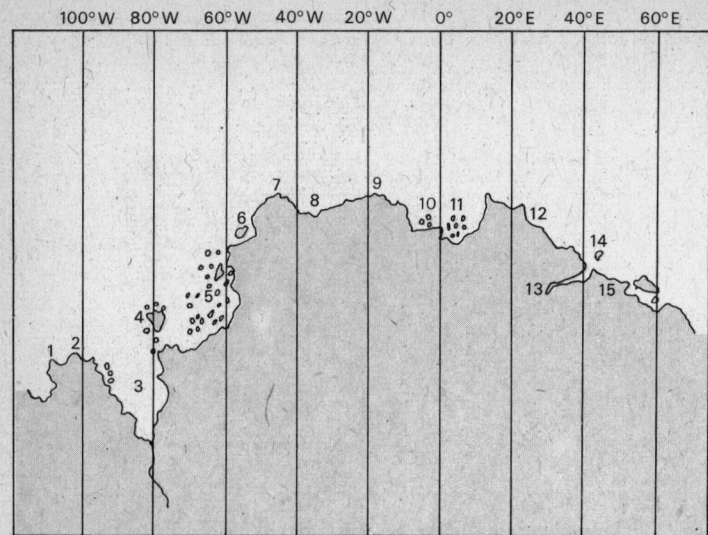

1	Kap Dart	8	Weddellsee
	(Mt. Siple im Marie-Byrd-Land)	9	Kap Norvegia (Königin-Maud-Land)
2	Kap Herlacher (Marie-Byrd-Land)	10	Regulakette
3	Amundsensee	11	Mühlig-Hofmann-Gebirge
4	Thurstoninsel		(Königin-Maud-Land)
5	Fletcher-Halbinsel	12	Prinz-Harald-Küste
	(Bellingshausensee)	13	Shirase-Gletscher
6	Alexander-I.-Land		(Prinz-Harald-Küste)
7	Antarktische Halbinsel	14	Padda-Insel (Lützow-Holm-Bucht)
	(Andeutung)	15	Prinz-Olaf-Küste (Enderbyland)

Abbildung 10
Geographische Analyse der antarktischen Küste auf der Erdkarte
MERCATORS von 1569 (nach HAPGOOD 1979)

Abbildung 11
Karte des PHILIPPE BUACHE
aus dem Jahr 1739
mit den Ergänzungen von 1754
im Vergleich mit den
heutigen Küstenlinien
Antarktikas

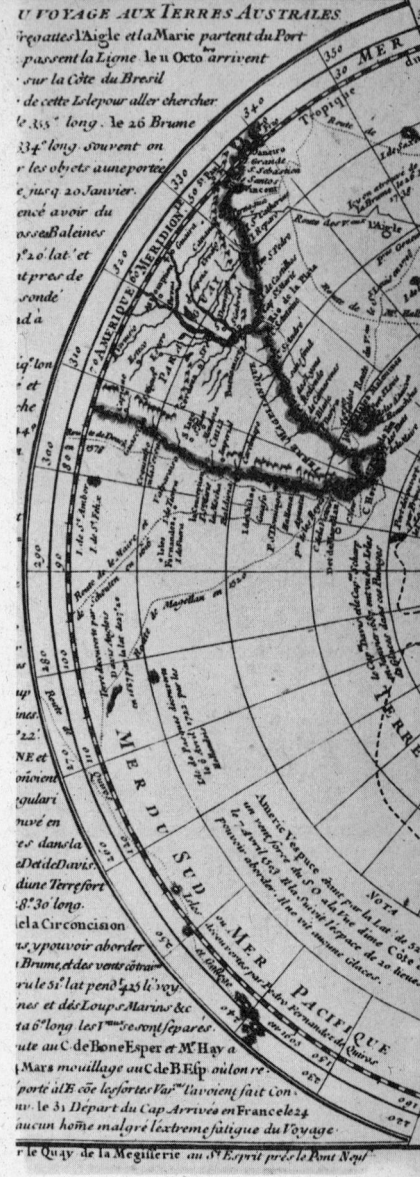

——— Heutige Küste

- - - - - Buacheküste

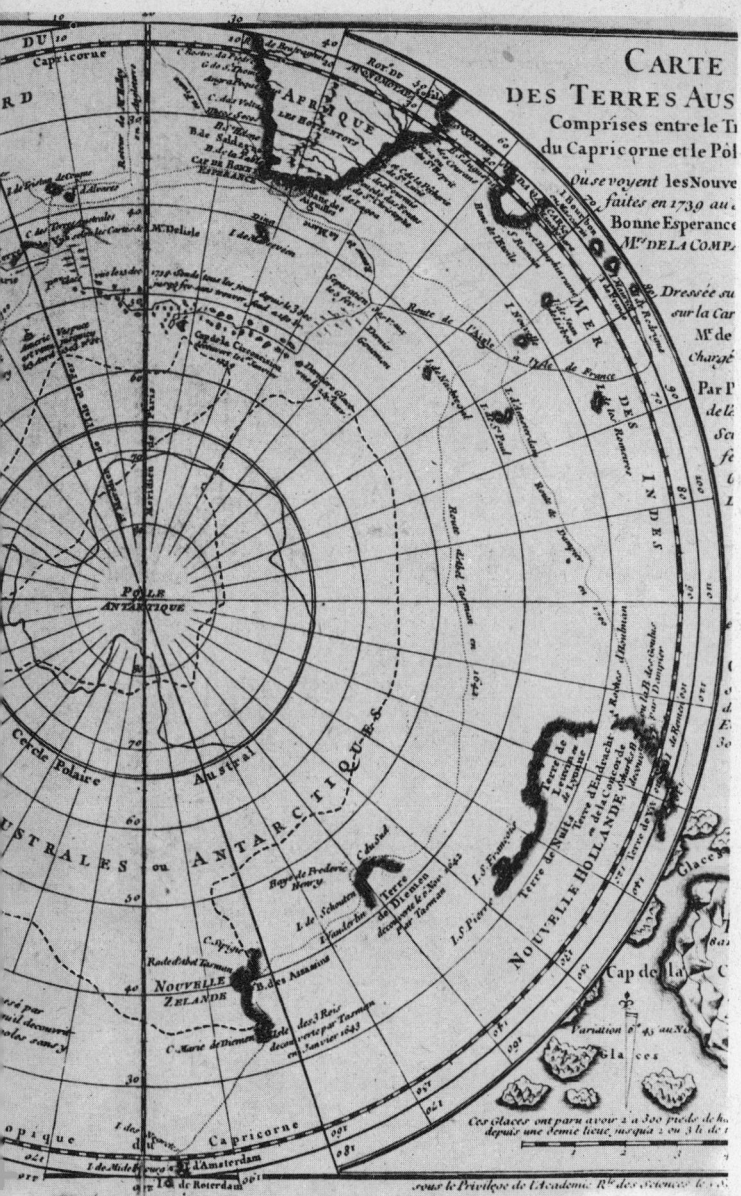

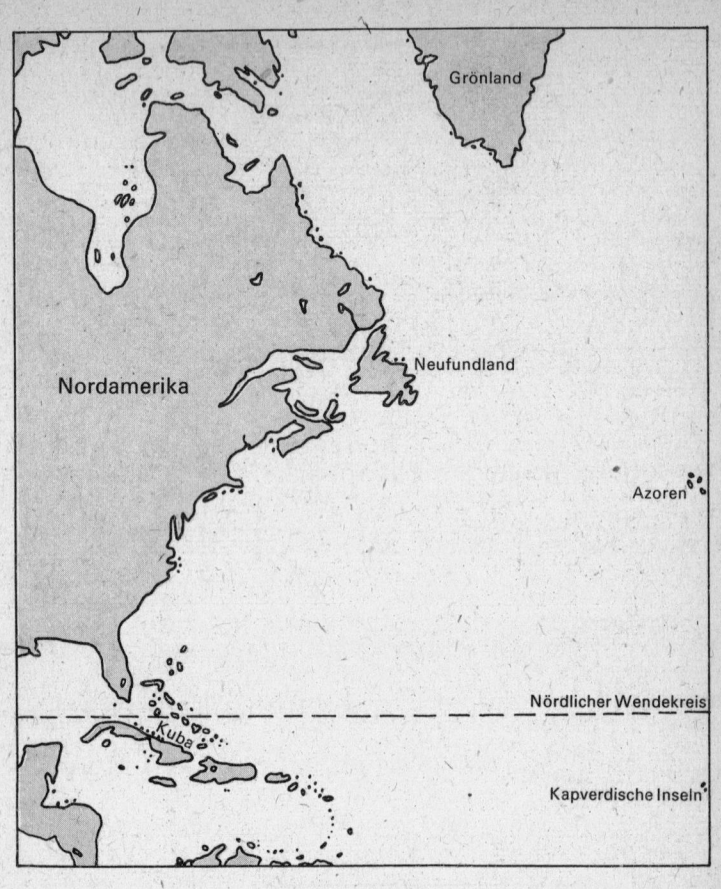

Grönland

Nordamerika

Neufundland

Azoren

Nördlicher Wendekreis

Kuba

Kapverdische Inseln

Abbildung 12
Fragment der PIRI-REIS-Karte von 1528,
geographische Orte zum Vergleich mit dem Titelbild